铝灰处置工艺技术新进展

主　编　赵加平　刘战伟
副主编　石志强　谭云川　陈　映
　　　　尹少华　朱杨昆　杨顺高

北　京
冶 金 工 业 出 版 社
2025

内容提要

本书内容包括铝冶炼过程中所产生的危险废物——铝灰的来源与分类、反应性质与危险特性、处置与利用工艺技术理论与应用新进展、有价资源利用技术、工艺安全管控技术、环保治理技术及自动化与智能化技术等。

本书可供铝灰处置与资源化无害化生产企业的技术人员和科研院所的研究人员使用，也可供大中专院校相关专业的师生参考。

图书在版编目（CIP）数据

铝灰处置工艺技术新进展 / 赵加平，刘战伟主编. -- 北京 ：冶金工业出版社，2025. 10. -- ISBN 978-7-5240-0261-1

Ⅰ. TF821

中国国家版本馆 CIP 数据核字第 2025348VV9 号

铝灰处置工艺技术新进展

出版发行	冶金工业出版社	**电　　话**	(010)64027926
地　　址	北京市东城区嵩祝院北巷 39 号	**邮　　编**	100009
网　　址	www. mip1953. com	**电子信箱**	service@ mip1953. com

责任编辑　张熙莹　美术编辑　彭子赫　版式设计　郑小利

责任校对　石　静　责任印制　禹　蕊

北京建宏印刷有限公司印刷

2025 年 10 月第 1 版，2025 年 10 月第 1 次印刷

710mm×1000mm　1/16；11 印张；211 千字；163 页

定价 76. 00 元

投稿电话　(010)64027932　投稿信箱　tougao@ cnmip. com. cn

营销中心电话　(010)64044283

冶金工业出版社天猫旗舰店　yjgycbs. tmall. com

(本书如有印装质量问题，本社营销中心负责退换)

前　言

随着国家工业技术的不断进步，铝冶炼产业得到不断发展，全国铝冶炼中电解铝产能超4000万吨，占全世界产能的60%左右，铝型材产能更是超过5000万吨，铝冶炼和加工产业有力地支撑了国家经济的快速发展，但在产业发展过程中也不断产生暂时不可避免的附属危险废物——铝灰。2021年版《国家危险废物名录》重新明确了铝冶炼过程中产生的危险废物铝灰的种类及其工艺来源，在危险特性和毒性的基础上增加了反应性，更加准确定义铝灰特性属性和管理要求，要求所有铝灰产出企业与处置利用单位全流程严格管控铝灰，并从资源化、无害化利用方面加大研究与产业化力度，尽快完善铝灰处置相关技术与产业化工艺示范，服务铝冶炼产业与行业的健康快速发展。

多年来，铝灰处置研究主要集中在各大科研院所，提出了许多不同技术路线的处置与利用工艺，部分工艺方法也得到示范化生产与应用，但铝灰成分复杂，各技术均有一定局限性，如处置不彻底达不到危险废物危险性消除目的、资源化率不高、产能低、能耗成本高、效益低等。单一技术不能完全适应行业需要，也不能满足不同区域、不同企业需求，很多企业在生产与发展过程中又无法避免地需要铝灰处置技术的支持，因此铝灰处置工艺技术的发展与产业化应用已经迫在眉睫。针对铝冶炼中铝灰处置技术需求与行业发展目标，本书作者根据行业发展情况，对处置技术进行了深入探索与研究，并结合理论研究和产业化应用，取得了一系列研究成果。

本书介绍了铝灰的来源与分类、处置与利用现状，从实验研究数据分析铝灰反应性质与危险特性的具体内在本质，并从行业常见火法处置、湿法资源化、直接无害化利用技术进行深入阐述，介绍了铝灰处置工艺安全管控技术、环保治理技术要求，旨在为广大科研人员或企业生产提供基本理论依据和实际生产技术支持，希望本书的出版能够对铝冶炼产业危险废物铝灰的处置起到积极的推动作用，同时为行业的发展提供有力的技术与产业支撑，从而缓解铝冶炼产业与铝灰处置发展不协调不匹配的情况，为国家铝工业发展提供有力技术保障。

感谢云南省重大科技专项计划项目（项目号：202102AB080006）、云南省“兴滇英才支持计划”产业创新人才专项项目（项目编号：yfgrc202403）、云南省低品位复杂难处理铝土矿资源综合利用工程研究中心、云南省企业技术中心、共伴生有色金属资源加压湿法冶金技术国家重点实验室、中国铝业股份有限公司电解铝铝灰处置与综合利用技术中心、云南文山铝业有限公司的支持。

本书在编写过程中得到了云南文山铝业有限公司郝红杰、中南大学刘桂华、贵阳铝镁设计院徐清燕、郑州轻金属研究院康泽双的指导。云南文山铝业有限公司铝灰资源化利用项目研究团队杨顺高、陈映、何清参与了本书部分基础理论、实验分析及产业化研究工作，昆明理工大学刘战伟教授课题组的李梦楠、李岗珲、凡亚丽等研究生参与了本书的编写和校稿工作，在此向所有帮助和支持本书工作的专家、研究人员及同事表示由衷的感谢。

由于编者水平所限，书中不足之处，敬请广大读者批评指正。

赵加平　刘战伟

2025 年 5 月

目　　录

1　绪论 …… 1
1.1　铝灰行业现状及发展历程 …… 1
1.1.1　铝与铝灰行业现状 …… 1
1.1.2　铝冶炼及铝灰行业发展 …… 4
1.2　铝灰的来源及分类 …… 5
1.2.1　铝灰的来源 …… 5
1.2.2　铝灰的分类 …… 6
1.3　铝灰的性质 …… 7
1.3.1　化学成分与物相组成 …… 7
1.3.2　物理粒度 …… 10
1.4　铝灰的主要特性与危害 …… 16
1.4.1　铝灰的主要特性 …… 16
1.4.2　国家管理要求 …… 24
1.4.3　铝灰的主要危害 …… 26
参考文献 …… 26
2　铝灰处置与利用现状 …… 30
2.1　铝灰资源化处置利用现状 …… 30
2.1.1　国外铝灰研究 …… 30
2.1.2　国内铝灰研究 …… 30
2.2　铝灰主要利用技术 …… 31
2.2.1　一次铝灰处理技术 …… 32
2.2.2　二次铝灰处理技术 …… 34
2.3　未来技术发展趋势 …… 43
参考文献 …… 43
3　铝灰反应性研究 …… 48
3.1　铝灰与水的反应行为 …… 48

3.1.1 铝灰水解浸出原理 …… 48
3.1.2 铝灰水解时 AlN 反应行为 …… 49
3.1.3 铝灰水解时氟、氯的反应行为 …… 51
3.1.4 铝灰水解影响因素 …… 51
3.1.5 铝灰水解氟氯变化规律 …… 56
3.2 铝灰在碱溶液中的反应行为 …… 58
3.2.1 铝灰与碱反应原理 …… 58
3.2.2 温度对氟、氯、氮反应行为的影响 …… 62
3.2.3 停留时间对氟、氯、氮反应行为的影响 …… 63
3.2.4 铝灰与碱性溶液反应前后的质量变化 …… 63
3.3 铝灰在酸溶液中的反应行为 …… 64
3.3.1 铝灰盐酸浸出 …… 65
3.3.2 铝灰硫酸浸出 …… 69
3.4 铝灰高温性质变化 …… 75
3.4.1 高温焙烧原理 …… 75
3.4.2 碱法高温烧结反应行为 …… 77
3.4.3 生料烧结时的质量损失和熟料外观分析 …… 77
3.4.4 熟料烧结过程中氟、氯元素的反应行为 …… 80
3.4.5 熟料中的主要物相和铝、硅元素反应分析 …… 82
参考文献 …… 85

4 铝灰资源化利用技术 …… 86

4.1 铝灰资源化利用技术总述 …… 86
4.1.1 回收金属铝 …… 86
4.1.2 回收氧化铝 …… 87
4.1.3 制备尖晶石耐火材料 …… 90
4.1.4 制备离子交换剂 …… 91
4.1.5 其他利用技术 …… 92
4.2 一次铝灰提取铝技术 …… 94
4.2.1 火法工艺技术 …… 94
4.2.2 压榨回收技术 …… 99
4.2.3 重选法技术 …… 100
4.2.4 电化学技术 …… 101
4.2.5 球磨筛分技术 …… 101
4.2.6 联合法提铝技术 …… 101

4.3　二次铝灰生产铝酸钙技术 …… 103
4.4　二次铝灰生产氧化铝技术 …… 106
4.4.1　传统氧化铝生产技术 …… 106
4.4.2　二次铝灰生产氧化铝原理 …… 107
4.4.3　碱性两段法铝灰协同拜耳法生产氧化铝 …… 109
4.4.4　经济指标 …… 112
4.4.5　碱性两段法优势 …… 112
4.4.6　应用前景 …… 112
4.5　二次铝灰生产净水剂技术 …… 113
4.5.1　原理 …… 113
4.5.2　聚合氯化铝生产工艺 …… 114
4.5.3　聚合氯化铝的应用 …… 115
4.6　二次铝灰制备硫酸铝技术 …… 116
4.6.1　硫酸铝概述 …… 116
4.6.2　原理 …… 116
4.6.3　工艺流程 …… 117
4.7　二次铝灰提取工业盐技术 …… 117
4.7.1　原理及工艺流程 …… 117
4.7.2　特点 …… 119
4.8　二次铝灰生产耐火材料技术 …… 119
4.8.1　制备耐火材料 …… 119
4.8.2　铝灰生产铝镁尖晶石原理及工艺 …… 119
4.8.3　生产耐火砖工艺 …… 121
4.9　二次铝灰生产建筑材料技术 …… 121
4.9.1　制备常用建材 …… 121
4.9.2　制备免烧砖工艺技术 …… 122
4.10　二次铝灰生产特种氧化铝技术 …… 123
4.10.1　二次铝灰生产拟薄水铝石 …… 123
4.10.2　制造超细氧化铝 …… 124
4.10.3　铝灰制备高纯氧化铝 …… 125
4.11　二次铝灰生产电解铝阳极涂层技术 …… 126
4.12　二次铝灰生产电解阳极钢爪保护环技术 …… 128
4.13　二次铝灰生产制备工业用氢及氨水技术 …… 129
4.14　二次铝灰协同拜耳法杂质处置技术 …… 130
4.14.1　铝灰烧结法协同脱除循环母液中有机物 …… 130

4.14.2 铝灰烧结法协同脱除苛化盐中杂质 …… 130
参考文献 …… 132

5 铝灰无害化处理 …… 140

5.1 氟的无害化处理 …… 140
5.1.1 概述 …… 140
5.1.2 水浸法 …… 141
5.1.3 焙烧法 …… 142
5.1.4 联合法 …… 145
5.2 氯的资源化利用 …… 145
5.3 氮化物的脱除与利用 …… 146
5.4 尾气处理 …… 147
5.4.1 湿法尾气处理 …… 148
5.4.2 火法尾气处理 …… 148
5.5 废水、废渣与重金属处理 …… 150
5.5.1 废水处理 …… 150
5.5.2 废渣及重金属处理 …… 152
5.6 无害化与资源化效益 …… 152
参考文献 …… 153

6 铝灰处置工艺安全管控 …… 155

6.1 主要安全风险 …… 155
6.2 安全管控技术要点与措施 …… 155
6.3 自动化与智能化安全管控 …… 156
参考文献 …… 157

7 铝灰处置工艺发展方向 …… 158

7.1 我国铝灰行业的标准化发展趋势 …… 158
7.2 铝灰行业运行影响因素 …… 159
7.2.1 影响铝灰行业运行的有利因素 …… 159
7.2.2 影响铝灰行业运行的稳定因素 …… 159
7.2.3 影响铝灰行业运行的不利因素 …… 160
7.3 我国铝灰行业发展面临的挑战与机遇 …… 160
7.3.1 面临的挑战 …… 160
7.3.2 面临的机遇 …… 161

7.4　铝灰行业投资前景研究 …… 161
7.4.1　铝灰行业投资前景 …… 161
7.4.2　铝灰行业政策风险预测 …… 162
参考文献 …… 162

1 绪　　论

1.1 铝灰行业现状及发展历程

1.1.1 铝与铝灰行业现状

铝是一种银白色的轻金属，自然界中多以化合物形态存在，具有重量轻、导热性好、易于加工、不易腐蚀等优良特性。铝合金产品广泛应用于航天航空、交通运输、电子电力、建筑等领域[1]。铝的产量和消费量仅次于钢，成为人类使用的第二大金属[2]。从产业链结构来看，铝的供给主要来源于矿石（原生）和废金属（再生），铝土矿是主要来源。我国铝工业经过几十年的快速发展，铝产量已多年位居世界第一，铝工业的发展为国民经济的快速发展提供了有力支撑[3-6]。

2001—2022 年是中国电解铝大发展的时期，中国电解铝总产量超过全球总产量的一半（见图 1.1）[7-9]。其中铝冶炼主要以氧化铝、电解铝、铝合金、再生铝、铝型材生产加工为主，截至 2022 年 12 月，中国电解铝建成产能为 4484.6 万吨（包含已建成未投产的产能），运行产能 4037.9 万吨，中国电解铝开工率约为 90.04%，仅电解铝铝灰产出已达到 24.67 万吨（见表 1.1）。2023 年，世界电解铝产量为 7071.60 万吨，中国电解铝产量为 4159.40 万吨，中国占全世界百分比为 58.82%。

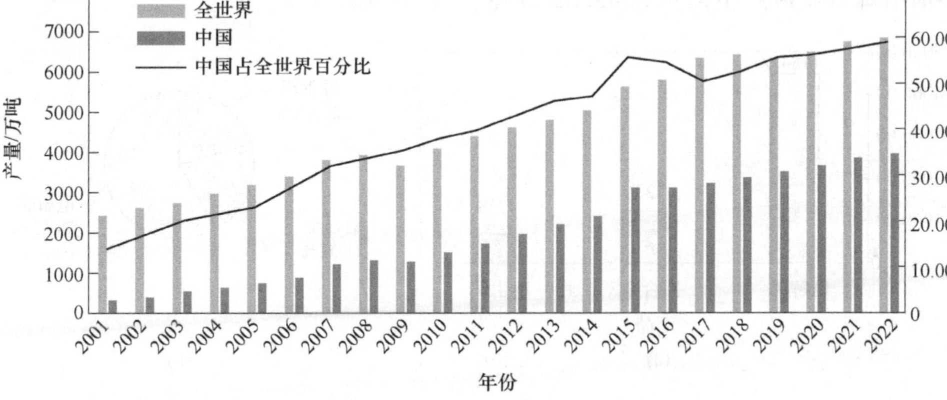

图 1.1　2001—2022 年中国电解铝产量变化

表 1.1　中国电解铝企业产能情况　（万吨）

地　区	建成产能	运行产能	铝灰产出量
陕西	90	90	0.50
四川	107.5	101.5	0.59
宁夏	120	120	0.66
甘肃	305.7	280.2	1.68
云南	546	366.5	3.00
辽宁	90	40	0.50
内蒙古	655	638	3.60
青海	284	278.7	1.56
贵州	152.5	88	0.84
广西	279.5	270.5	1.54
山西	121.3	112.7	0.67
河南	211	181	1.16
山东	833	788	4.58
湖北	12.6	9.3	0.07
重庆	51	48	0.28
新疆	618	618	3.40
福建	7.5	7.5	0.04
合　计	4484.60	4037.90	24.67

每生产 1 t 铝合金产生约 7.5 kg 铝灰，每处理 1 t 再生铝产生约 12.0 kg 铝灰，中国国内铝合金及再生铝运行产能 1945 万吨，全国铝合金及再生铝每年约产生铝灰 17.85 万吨[10]。综合国内电解铝、铝合金、再生铝等铝冶炼企业产能，全年铝冶炼行业可产生铝灰约 42.52 万吨[11]，详见图 1.2。

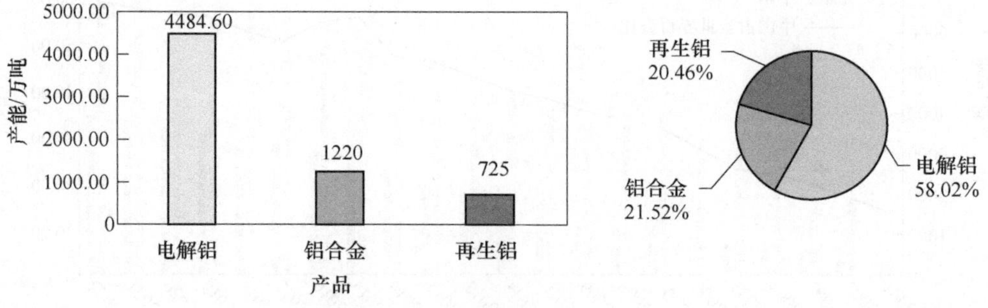

图 1.2　国内原铝冶炼产能(a)和铝灰产出比例(b)

另外，中国每年铝材加工产量约5000万吨，每加工1 t铝材全流程产生约30 kg铝灰，全年铝材加工行业可产生铝灰约150万吨，这部分才是铝灰产出的主要部分。汇总中国电解铝、铝合金、再生铝及铝材加工，每年将产生铝灰近200万吨[12-14]。

铝的生产过程同时伴随着有害气体和固废的产生，世界铝电解技术发展到现在，铝电解生产产生的有害气体已经得到了比较理想的控制，但有害固体废渣却长期得不到有效处理，中国每年产生的固体有害渣料一直威胁着我们的生存环境，因此，采取措施对其进行治理是很有必要的。

2008年中国环保部与发改委将铝火法冶炼过程中产生的初炼炉渣，粗铝精炼加工过程中产生的盐渣、浮渣和铝火法冶炼过程中产生的易燃性撇渣（俗称铝灰)列入《国家危险废物名录》。《欧洲废物名录》（*European Waste Catalogue*, EWC）把铝灰定义为“有毒有害废料”，其被认为是高度易燃的（遇水或者湿空气易产生大量易燃气体）、刺激的（与皮肤长期或者反复接触会引发过敏感应）、有害的（被吸入、被消化进入体内或者渗入皮肤会危害健康）、渗出性的（处理后会渗出其他物质污染土地），其最主要的危害为渗出性及其遇水或在潮湿的空气中极易反应生成有毒、有害、易爆、恶臭气体，如氨气、甲烷、氢气等[15-18]。因此未经处理的铝灰会对地下水及空气造成污染，必须进行无害化处理或资源化利用。

在中国，由于电解铝的产量大，因此一次和二次铝灰量都很大，国内外专家学者做了大量的研究。首先，铝灰（不包含一次铝灰）中主要成分是$\alpha-Al_2O_3$，在铝电解的熔盐中溶解少，与砂状氧化铝的主要成分$\gamma-Al_2O_3$不同，不宜返回铝电解槽内循环使用[19]。其次，在综合利用方面，世界各国科技人员做了大量的工作，如回收金属铝、生产低铁硫酸铝及棕刚玉、合成SiMon材料、合成聚合氯化铝、合成油墨用氧化铝、制作陶瓷清水砖、在炼钢中替代萤石作为造渣剂使用、制备路用材料及耐火材料、水泥等[20-23]。在中国，有些企业用铝灰制作阳极保护环，再回到电解槽使用，但这样的铝灰处理车间粉尘飞扬、现场氨味较重，工作环境差，阳极保护环进入电解槽，会引起槽电压增大、阳极效应增多、电耗增加、电解槽寿命减短等不利影响，也会导致产品硅、铁含量上升，影响铝锭质量[24]。

多年来尽管就铝灰中铝的综合利用进行了较多的研究，提出了许多综合利用方案，但因铝灰成分复杂，任何单一目标元素的利用都不能解决经济、环保的问题，因而工业应用前景不明。如采用湿法过程综合利用铝灰，则存在如何安全处理AlN、Al、Si等反应生成有害气体的问题，以及如何处理有害重金属元素的问题[25]；采用火法过程处理铝灰，虽工艺较简单，但NH_3、H_2、Cl^-、F^-等安全处理仍是问题[26]。因此，铝灰的无害化处理及利用仍是一个世界性的难题，以前中国大量的电解铝灰主要采用专用堆场进行填埋处置，近些年无害化与资源化利用研究与产业化开始发展起来。

根据《国家危险废物名录》（2016 年）[27]：铝电解过程中电解槽维修及废弃产生的废渣、铝火法冶炼过程中产生的初炼炉渣、铝电解过程中产生的盐渣和浮渣、铝火法冶炼过程中产生的易燃性撇渣四种废渣属于 HW48 有色金属冶炼废物。因此，铝灰的回收及利用对环境保护、资源的高效利用和经济可持续发展具有重要的意义。

1.1.2 铝冶炼及铝灰行业发展

1746 年德国科学家波特用明矾制得氧化铝。1807 年英国人戴维试图电解熔融氧化铝得到金属铝未成功。1809 年戴维给预想的金属取名为 alumium，后改为 aluminium。1825 年丹麦科学家奥斯勒用钾还原氧化铝得到少量金属铝。1854 年法国科学家德维尔用钠还原 $NaAlCl_4$ 络合盐，并建厂生产一些铝制头盔、餐具及玩具，其价格昂贵，等同于黄金。1886 年美国霍尔和法国埃鲁特同时分别获得用冰晶石-氧化铝熔盐电解方法制取金属铝的专利。1888 年美国匹兹堡建立第一家电解铝厂，铝生产进入一个新阶段[28-29]。

1887 年发明的拜耳法生产氧化铝及直流电解技术的进步为铝生产向工业规模发展奠定了基础[30]。到 19 世纪末期铝的生产成本开始明显下降，铝已成为一种普通常用金属。20 世纪初期，铝材除日常用品外，在交通运输工业上得到了大量应用。1901 年用铝板制造汽车车体，1903 年美国铝业公司把铝部件供给莱特兄弟制造小型飞机。随后汽车发动机开始采用铝合金铸件，造船工业也开始采用铝合金厚板、型材和铸件。随着铝产量的增加和科学技术的进步，铝材在其他工业部门（如医药器材、铝印刷版及炼钢用的脱氧剂、包装容器等）的应用也越来越广泛，大大刺激了铝工业的发展。1910 年世界铝产量增加到 45000 t 以上，已开始大规模生产铝箔和其他新产品，如铝软管、铝家具、铝门窗和幕墙，同时铝制炊具及家用铝箔等各种新产品也相继出现，使铝的普及化程度向前推进了一大步[31]。

德国维尔姆于 1906 年发明了硬铝合金（Al-Cu-Mg 合金），使铝的强度提高了两倍，在第一次世界大战期间被大量应用于飞机制造和其他军事工业。此后又陆续开发了 Al-Mn、Al-Mg、Al-Mg-Si、Al-Cu-Mg、Al-Zn-Mg 等不同成分和热处理状态的铝合金，这些合金具有不同的特性和功能，大大拓展了铝的用途，使铝在建筑、汽车、铁路、船舶及飞机制造等工业部门的应用得到迅速的发展[32]。第二次世界大战期间，铝工业在军事工业的强烈刺激下获得了高速增长，1943 年原铝总产量猛增到 200 万吨。战后，由于军需的锐减，1945 年原铝总产量下降到 100 万吨，但由于各大铝业公司积极开发民用新产品，把铝材的应用逐步推广到仪器仪表、电子电气、交通运输、日用五金、食用包装等各个领域，使铝的需求量逐年增加。1956 年世界铝产量超过铜，居有色金属首位。到 20 世纪 80 年代初期，世界原铝产量已超过 1600 万吨，再生铝消费达到 450 万吨[33-38]。铝工业的生产规模和生产技术达到了相当高的水平[39-41]。

在铝冶炼及成型过程中会产生多种副产品。作为铝工业主要的副产品，铝灰产生于所有铝发生熔融的工序，其中的铝含量约占铝生产使用过程中总损失量的 1%~12%。以往，把铝渣看作废渣而堆弃，此举不仅造成铝资源浪费还会带来环境问题。因此，寻找经济有效的方法加以利用和治理铝渣，不仅能提高铝行业的经济效益，实现资源有效循环利用的同时，还将对实现经济和社会的可持续发展产生重要的影响。

铝灰是铝产业至关重要的一环，铝灰行业的发展可以带动上游行业的同步发展。同时，铝灰行业的技术提高、质量提升有利于带动下游行业的需求增多。

近年来，我国铝灰行业集中度大幅提升，逐步向规模化和专业化方向发展，技术水平和质量有了较大提高。目前铝灰行业进入新一轮的产业升级期，铝灰行业日趋集团化、专业化、大型化和国际化，行业技术进步加快。因此，从我国的国情出发，审视铝灰处置现阶段所存在的问题，探讨如何资源化利用铝灰成为目前我国铝行业必须面对和正视的问题。总之，铝灰行业在国民经济中的地位将不断提高。

1.2 铝灰的来源及分类

1.2.1 铝灰的来源

铝灰是电解铝、铸造铝、再生铝冶金熔融过程中漂浮在铝液上层的浮渣、撇渣，包括后续炒灰、球磨等处理过程后剩余的残渣[42]。

铝产业链上游的电解铝、再生铝行业，中游的铝加工行业都会产生铝灰，铝灰的主要来源见表 1.2。

表 1.2 铝灰的来源

名 称	来源行业	具 体 来 源
电解铝铝灰	电解铝	阳极更换、出铝、铸锭、电解槽大修、操作和测定器具的携带
再生铝铝灰	再生铝	从熔池表面扒除（或沉留于炉壁和炉底）的、以含有铝水（冷却后称为铝颗粒）和固体氧化物为主的浮渣
熔铸铝灰	铝加工、熔铸加工	铸锭、多次重熔、配制合金、零部件浇铸

铝灰的成分根据生产工艺的不同而不同，主要由铝金属及氧化物、氮化铝、

尖晶石和盐熔剂等构成。在一般情况下，铝灰的成分为 10%～30% Al，20%～70% Al_2O_3，7%～15%的 Si、Na、Fe、Ca 等的氧化物，少量的氯化物及氟化物。不同来源的铝灰成分差别较大，有着不同的处理技术。例如，电解铝铝灰的氟化物含量普遍高于再生铝铝灰，电解铝生产过程中冰晶石（Na_3AlF_6）和一些氟化盐是工艺流程所必需的添加剂，冰晶石中富含 54.3%净重的氟，而再生铝生产过程中冰晶石不是必需的，因此电解铝企业固废中氟化物含量更高。如何除氟就是处置电解铝铝灰要考虑的问题。再生铝生产过程中，需要添加大量的混合盐（NaCl+KCl）熔剂，如何回收盐就是处置再生铝铝灰需要考虑的问题。铝灰的数量是确定铝灰处置项目规模的重要依据。

1.2.2　铝灰的分类

按照铝灰回收铝的生产加工流程，铝灰分为一次铝灰、二次铝灰和废铝灰[43]。随着金属铝一遍遍被熔解回收，铝灰中的金属铝含量逐步降低。一次铝灰中的金属铝含量高，可达 15%～75%。二次铝灰中的金属铝含量较低，为 5%～20%。废铝灰中仅用简单方法提炼不出来的少量金属铝，含量通常小于 5%。铝灰处置企业接收的铝灰一般是经过“榨干吃尽”金属铝后的废铝灰，情况较好的收到的是二次铝灰。二次铝灰和废铝灰一般口头上不作区分，统称为二次铝灰。

图 1.3 是铝冶炼扒渣过程，扒渣完成后形成一次铝灰（见图 1.4）。图 1.5 为一次铝灰经过热回收及其他回收工艺回收铝，一次铝灰经回收铝后形成的二次铝灰见图 1.6。

从铝灰中回收铝属于成熟工艺，投资和生产成本低，收益大，目前多数铝厂自建设备处理。国家还提供相关政策支持，鼓励从业人员大胆尝试。根据生态环境部《关于〈国家危险废物名录（2021 年版）〉豁免清单适用范围的复函》[44]，铝灰渣和二次铝灰在回收金属铝的利用过程中不按危险废物管理。

图 1.3　扒铝渣（一次铝灰）

图 1.4　一次铝灰

图 1.5 一次铝灰回收铝

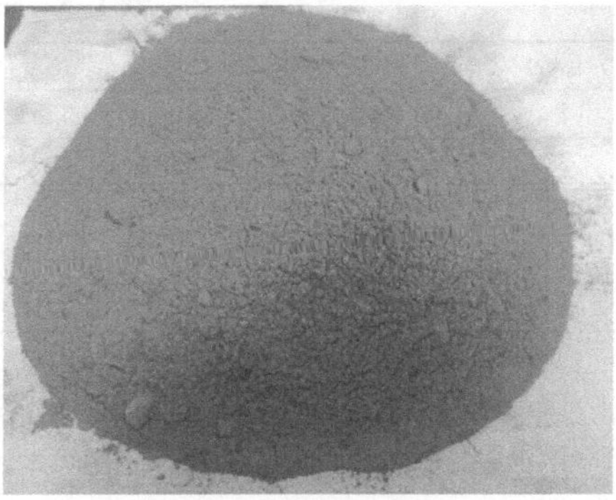

图 1.6 二次铝灰

一次铝灰中含有相当大比例的金属铝，在铝灰还处于高温半熔融状态时，必须第一时间将铝分离出来。国内铝厂最常用的处理工艺是炒灰法和回转窑加热法。其中炒灰法简单易操作，但是生产环境差、粉尘大；回转窑加热法处理能力大，但是回转窑漏风率高，导致金属铝大量氧化，回收率偏低。国外公司开发应用了一些其他火法回收工艺，如压榨法和离心分离法。

提取金属铝后所产生的二次铝灰仍然含有 5%～20%的金属铝，具有一定的金属回收价值。二次铝灰回收工艺是铝灰进入球磨机内，利用铝的延展性使得金属铝发生变形，而氧化铝等无机物在球磨机的砸磨作用下，变得越来越细，然后可以利用筛分的方法把金属铝分离出来，最后筛子底下的细粉就成了最后的废铝灰。

筛分出来的金属铝粉回到熔炼炉中熔化为铝水回收，废铝灰作为令人头痛的危险废物再做进一步处置。

1.3 铝灰的性质

铝灰的产生受原料、工艺、操作和设备配置等因素的影响，各组分的含量变化很大，但是它的基本组成相对稳定，金属铝、氧化铝、氮化铝、氯盐和电解质是主要组分。因其成分复杂，所以其性质也相对特别。

1.3.1 化学成分与物相组成

1.3.1.1 化学成分

铝灰经缩分取样，获得具有一定量代表性的样品 2 份，通过 X 射线荧光光谱仪对铝灰中元素种类和含量进行初步分析，结果见表 1.3。

表 1.3 铝灰荧光分析结果 (%)

编号	Al	O	Cl	Na	F	Mg	Si	K	Ca	Ti
1	44.69	25.27	10.10	6.57	4.57	2.18	2.06	2.03	1.10	0.49
2	50.50	23.09	8.01	4.93	4.19	3.00	1.40	2.21	1.37	0.56
编号	Fe	Sr	S	V	Mn	In	Zn	P	Cu	Ni
1	0.27	0.23	0.18	0.14	0.05	0.03	0.02	0.01	0.01	0.01
2	0.22	0.02	0.21	0.18	0.01	0.03	0.03	0.02	—	—

尽管荧光光谱分析结果准确性取决于标样，但此方法仍可提供可参考的价值。由表 1.3 可知，铝灰中的主要元素为 Al、O、Cl、Na、F、Mg、Si、K、Ca，其他总含量 1.5%左右的元素包括 Ti、Fe、Sr、S、V、Mn、In、Zn、P 等。对铝灰中主要元素进行化学定量分析，结果见表 1.4。

表 1.4 铝灰化学成分分析结果 (%)

编号	Al	F	Cl	Na	Ca	Mg	SiO_2	Fe	Ti
1	43.27	2.39	6.07	7.92	0.86	1.36	3.21	0.25	0.42
2	44.24	2.67	4.64	6.57	1.08	1.80	1.39	0.18	0.44

表 1.4 的化学分析结果表明，1 号和 2 号铝灰中的主要化学元素为 Al、Na、Cl、F 和 Si，其中两种灰中 Al 和 F 元素含量相当；而 1 号铝灰中的 Cl 和 Na 元素含量要高于 2 号铝灰，SiO_2 含量也明显高于 2 号铝灰，分别为 3.12%和 1.39%。总体来说，两种铝灰的成分一致。

1.3.1.2 物相组成

为明确铝灰中的主要物相，方便铝灰的综合利用，对铝灰进行 X 射线衍射分析，其 XRD 图谱见图 1.7。

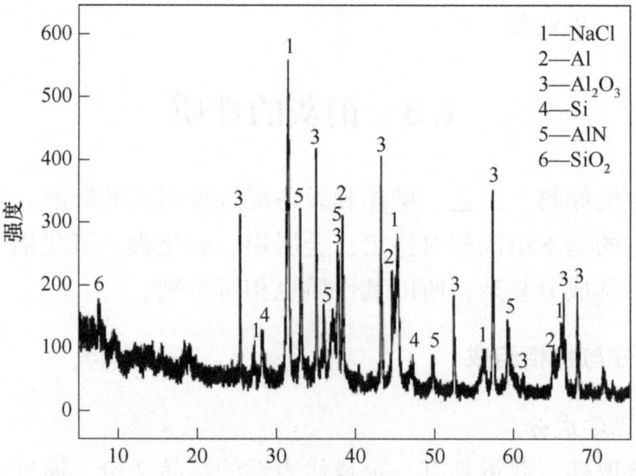

(a)

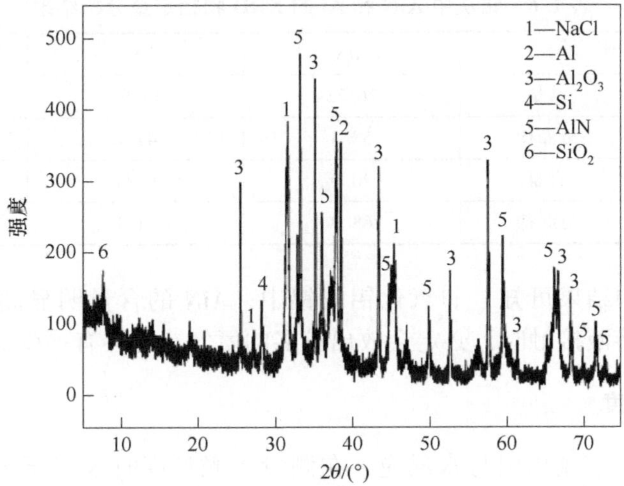

(b)

图 1.7 铝灰 X 射线衍射图谱
（a）1 号；（b）2 号

由图 1.7 可知，1 号和 2 号铝灰中主要含铝物相为单质铝、氧化铝和氮化铝，含硅物相主要为单质硅和氧化硅；而铝灰中的氯和钠主要以氯化钠的形式存在。图中没有氟化物的特征峰，与其结晶程度有关。基于 XRD 特征峰强度，可对其中主要物相的含量进行半定量分析。1 号、2 号铝灰中各含铝物相的分析结果见表 1.5。

表 1.5 铝灰中含铝物相分析结果 （%）

相别		非氧化铝（Al，AlN）中的铝	氧化铝（Al_2O_3）中的铝	合计
1 号	含量	28.7	14.57	43.27
	分布律	66.33	33.67	100.00
2 号	含量	30.34	13.9	44.24
	分布律	68.58	31.42	100.00

表 1.5 的结果表明，铝灰中总铝含量在 44%左右。由于金属铝和氮化铝在溶液中的化学性质相似，它们与刚玉化学性质显著不同，因此将金属铝和氮化铝中铝的总含量称为非氧化铝中的铝，由图 1.7 可知，氮化铝的峰强度高，而单质铝的峰强度低，说明铝灰中单质铝含量不高。由表 1.5 分析结果可知，铝灰中的铝主要存在于非氧化铝物相中，而存在于氧化铝中的铝只有 14%左右。对 1 号和 2 号铝灰中 AlN 和 Al 进行 XRD 物相定量分析，见表 1.6。

表 1.6 铝灰中 AlN 和 Al 的 XRD 物相定量分析结果 (%)

相别		AlN	Al	合计
1 号	含量	16.73	11.97	28.7
	分布律	58.3	41.7	100.00
2 号	含量	20.9	9.44	30.34
	分布律	68.9	31.1	100.00

从表 1.6 中结果可知，非氧化铝的铝中，AlN 的含量明显高于 Al。这预示着，在铝灰与溶液接触时，必定会放出较多的氨气，也会有不少的氢气产生。

1.3.2 物理粒度

为避免铝灰中氮化铝与水反应，在测量激光粒度时采用无水酒精为分散介质。从外观上分析可知，1 号铝灰为灰黑色，呈沙状，说明其粒度较粗；2 号铝灰为灰色，呈面粉状，说明其粒度较细。激光粒度分析结果（见图 1.8）表明，1 号铝灰粒度集中分布在 40~150 μm，d_{50} 为 82.358 μm；而 2 号铝灰的粒度分布范围比较广，粗粒级和细粒级分布比较明显，其 d_{50} 为 36.171 μm。2 号铝灰因细粒多，可能存在粒子团聚现象。

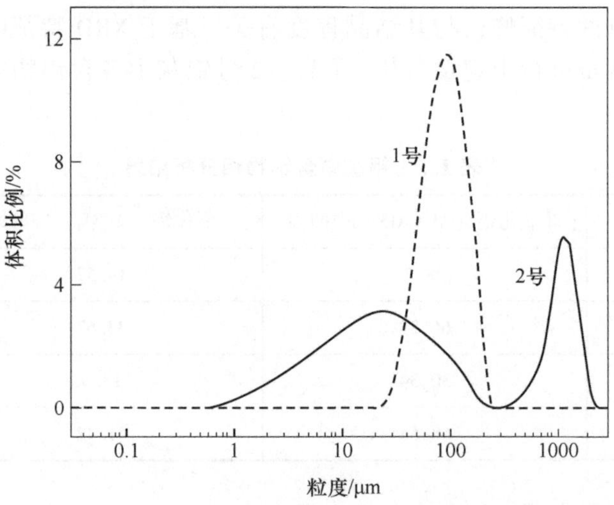

图 1.8 铝灰的激光粒度分布

为分析铝灰中主要物相颗粒的分配情况，特别是各颗粒的包裹、嵌布规律，对铝灰经煮胶、磨片、抛光后，进行扫描电镜分析。在磨片和抛光过程中用无水乙醇取代水，以防止铝灰中的氮化铝和水发生反应。1 号铝灰的扫描电镜图见图 1.9。

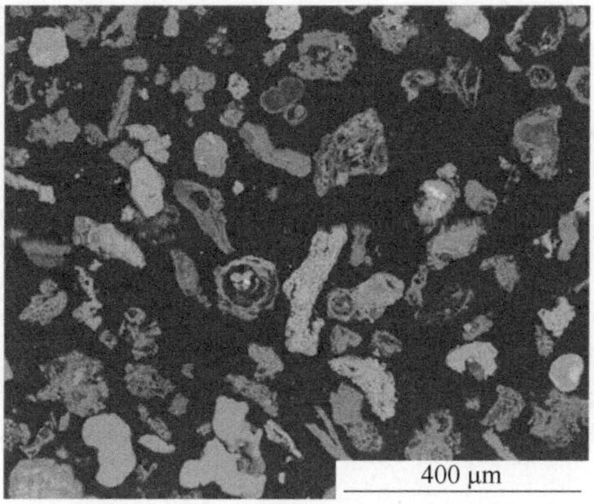

图 1.9 1 号铝灰的扫描电镜图

由图 1.9 可知，1 号铝灰颗粒形状极不规则，既有椭圆形颗粒，也有棒状或者针状颗粒；既有实心颗粒，也有多孔、相连的颗粒；不同矿物颗粒之间分布比较分散，连生体颗粒较少，但是有部分颗粒呈包裹状。因此需对不同类型颗粒区域进行更深一步的研究。

主要颗粒的元素面扫描结果见图 1.10。

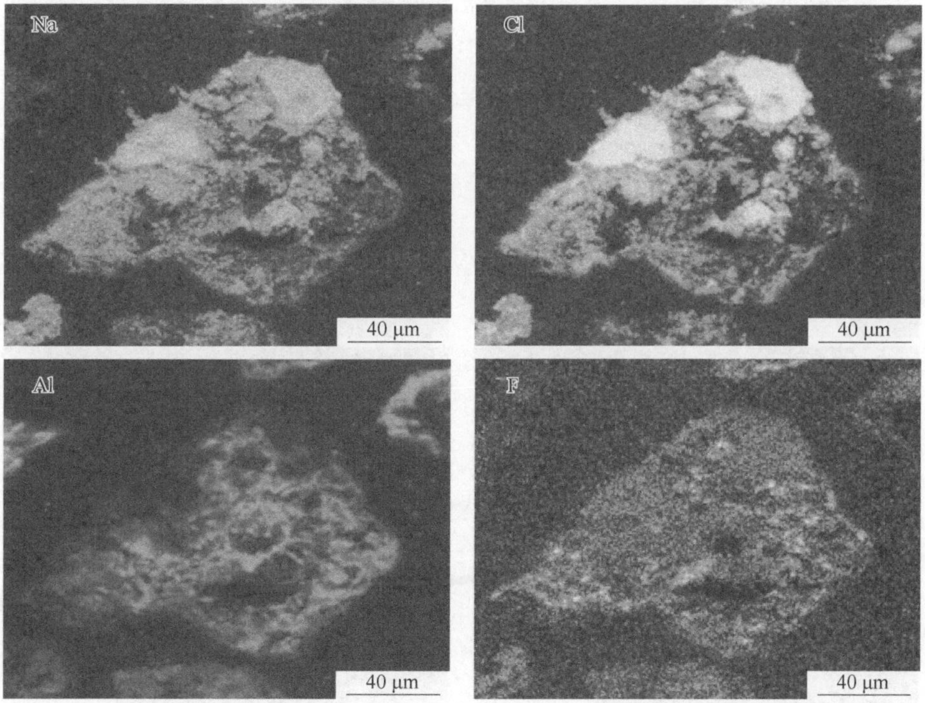

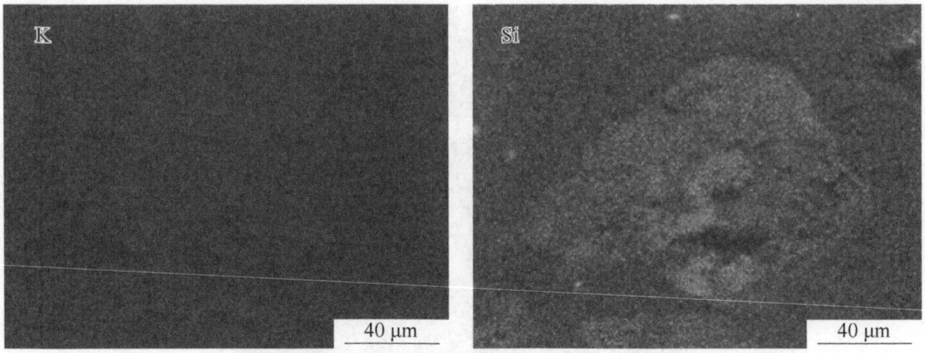

图 1.10　包裹体颗粒的元素扫描图

由图 1.10 可知，铝、氧元素分布广泛，而其他元素分布不尽相同。包裹体颗粒的边缘实心颗粒为氯化钠，而内部松散多孔区域主要以氧化铝为主，其次含有少量的氟、钾和硅元素。

连生体和独立颗粒的元素面扫描结果见图 1.11。

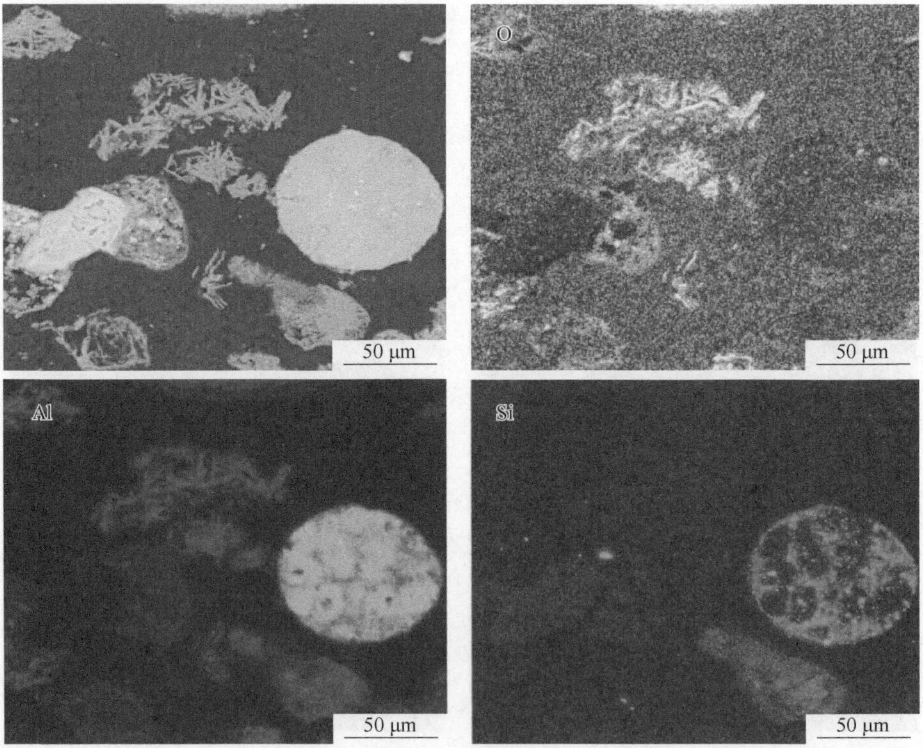

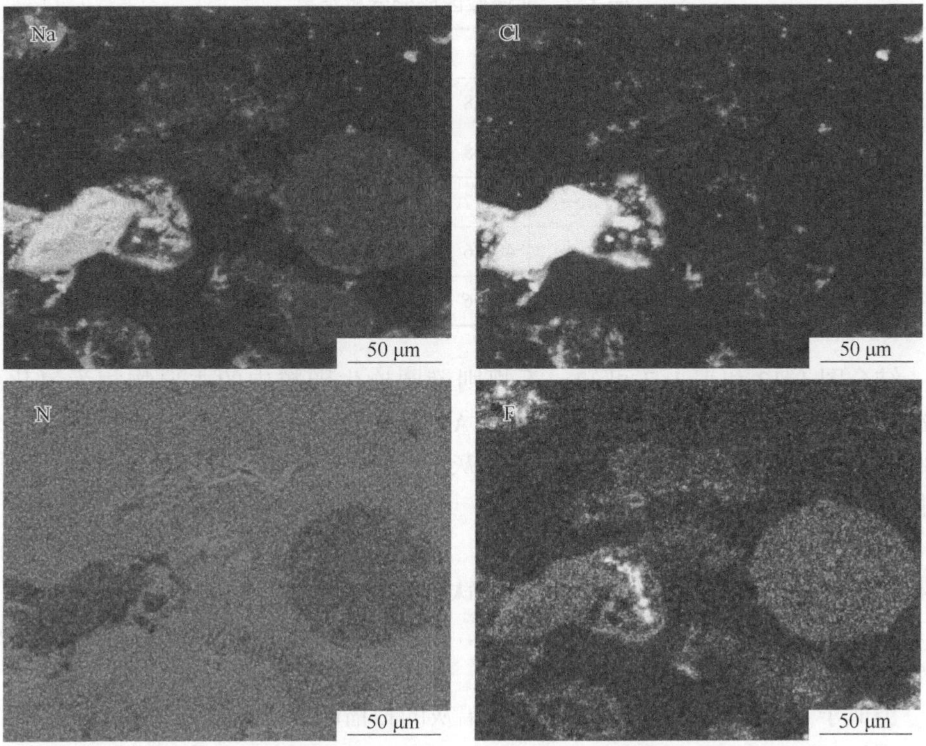

图 1.11　连生及独立颗粒的元素面扫描

由图 1.11 可知，颗粒连接相为氯化钠，连生颗粒内部则分散着氟化钠、氯化钠及氮化铝；而独立颗粒内部以金属铝为主，其次为单质硅或者铝硅合金，单质铝与铝硅合金相互嵌布。

特定区域的扫描电镜图见图 1.12，能谱微区成分分析结果见表 1.7。

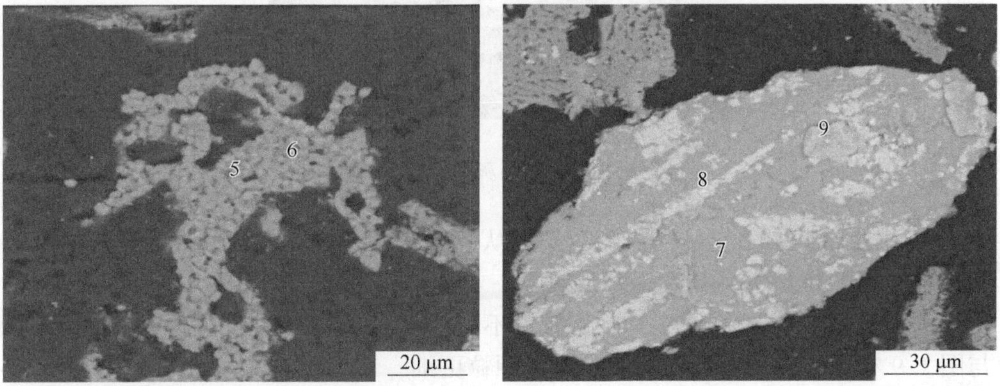

图 1.12　特定区域的扫描电镜图

表 1.7　能谱微区成分分析结果　　(%)

测点	N	O	Na	Mg	Al	Si	Cl	Ti	Fe	Pb	Ag
5	21.48	4.41	0.93	1.06	69.48	0.25	—	—	—	1.64	0.85
6	22.97	3.39	—	0.41	68.68	—	—	—	—	2.91	1.64
7	—	2.96	—	—	94.77	—	—	0.91	—	1.05	0.31
8	—	4.04	—	—	48.26	4.55	—	42.51	0.64	—	—
9	—	—	25.65	—	16.96	1.04	33.13	23.22	—	—	—

结合图 1.12 和表 1.7 可知，不规则椭圆连生颗粒中的主要物相为氮化铝，其次为氧化铝，此外还含有 Mg、Pb 及 Ag 等微量元素。金属铝颗粒内部嵌布的条状灰白色颗粒为铝钛合金，而嵌布的灰白色椭圆形颗粒为氯化钠和铝钛合金固溶体。

由以上 SEM 及 EDS 分析结果可知，1 号铝灰中的氧化铝及金属铝多以独立颗粒形式存在，其内部嵌布一定量的铝钛合金或铝硅合金；而氮化铝和氧化铝共存于独立的不规则针状或者球状颗粒中，部分铝与氧化铝颗粒相互嵌布。氯化钠主要是独立颗粒，也有和氟化钠连生在一起的混合颗粒。

类似于 1 号铝灰的分析过程，2 号铝灰的扫描电镜分析结果见图 1.13。

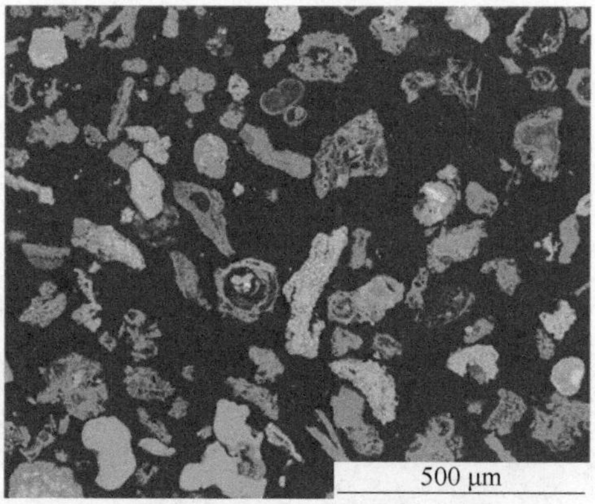

图 1.13　2 号铝灰的扫描电镜图

由图 1.13 可知，2 号铝灰颗粒粒度从几微米至 200 μm 不等，且形状极不规则，以多孔颗粒为主，其次为球形颗粒；不同矿物颗粒之间分布比较分散，但有少量的连生颗粒及包裹颗粒。因此需对不同类型颗粒区域进行更深一步的研究。与图 1.9 相比较，2 号铝灰比 1 号铝灰颗粒更细，二者颗粒形貌不统一。

各微区的成分分析结果见图 1.14 和表 1.8。

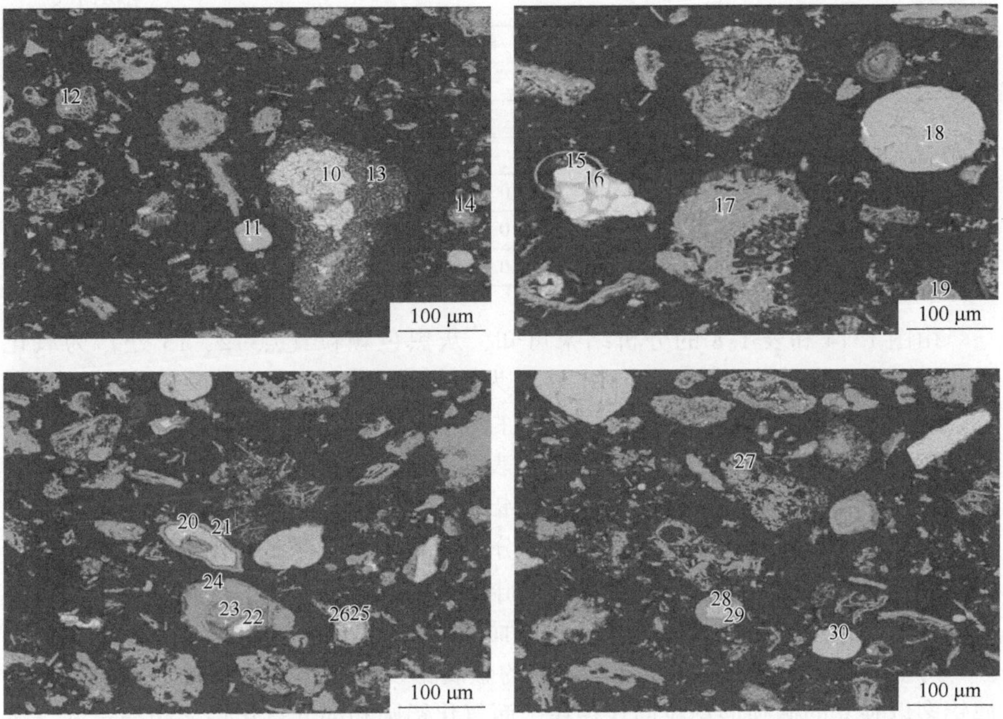

图 1.14 不同包裹形态颗粒的扫描电镜图

表 1.8 能谱微区成分分析结果 (%)

测点	N	O	F	Na	Al	Si	Cl	Pb	Ag	Ca	Ti	Fe
10	—	3.59	—	35.01	1.50	0.87	55.94	—	—	3.10	—	—
11	—	4.64	—	—	89.35	—	—	4.03	1.97	—	—	—
12	—	44.88	1.29	—	51.75	—	—	1.15	0.59	0.34	—	—
13	1.08	33.78	—	2.16	53.34	0.59	5.01	—	—	2.16	—	—
14	—	39.94	1.63	2.21	53.83	—	0.43	—	—	—	0.59	—
15	—	—	—	—	50.18	5.01	—	—	—	—	44.03	—
16	—	2.37	—	—	85.28	0.60	—	7.29	3.36	—	1.10	—
17	—	22.43	3.87	1.66	63.71	—	1.04	—	1.12	5.41	—	—
18	—	3.99	—	—	87.40	1.68	—	4.44	2.49	—	—	—
19	—	35.18	3.03	1.78	56.02	0.18	0.90	—	—	0.44	—	—
20	—	5.98	—	—	88.28	0.28	—	3.52	1.94	—	—	—
21	—	41.98	1.93	0.83	53.21	—	0.48	1.24	—	—	—	—
22	—		—	—	40.94	22.47	—	—	—	—	—	36.59
23	—	16.96	2.42	2.38	68.25	—	5.96	—	—	—	—	—
24	15.24	14.23	1.86	1.49	62.36	—	1.69	—	1.50	—	—	—

续表 1.8

测点	N	O	F	Na	Al	Si	Cl	Pb	Ag	Ca	Ti	Fe
25	—	4.65	—	—	89.38	—	—	4.05	1.93	—	—	—
26	—	18.87		0.59	75.96	—	4.13	—	—	—	—	—
27	16.75	5.03	—	—	76.40	—	—	1.22	0.60	—	—	—
28	—	2.86	—	—	88.89	0.26	—	4.82	2.54	—	—	—
29	—	25.05	3.31	2.95	65.48	0.37	0.76	—	—	—	—	—
30	—	3.69	—	—	88.44	0.93	—	4.92	2.01	—	—	—

由图 1.14 和表 1.8 的分析结果可知，灰黑色颗粒（点 12、13 处）为氧化铝，被包裹的灰白色颗粒（点 10 处）为氯化钠；规则的椭圆形灰色颗粒（点 18、30 处）为金属铝，其内部包裹的灰白色实心颗粒为铝钛合金（点 15 处）或者铁铝硅合金（点 22 处）；部分铝颗粒表面被氧化而形成氧化铝包裹层（点 20、21、28、29 处），而部分颗粒中有氮化铝的存在（点 24、27 处）。以上结果表明，金属铝多以独立颗粒形式存在，部分表面被氧化而存在氧化铝包裹层；氮化铝则和氧化铝共存，铝颗粒中包含着铝硅、铝硅钛合金，这些包裹可能导致在短时间内氮化铝难以与水（或溶液）接触而反应完全。

综上所述，1 号铝灰和 2 号铝灰中的金属铝及氮化铝有相似的分布形式：金属铝多以独立的椭圆形颗粒形式存在，而氮化铝则和部分氧化铝交织在一起，氯化钠一般以单独颗粒存在。因此，两种铝灰可采用相同的处理工艺进行氧化铝的回收[45]。

1.4　铝灰的主要特性与危害

1.4.1　铝灰的主要特性

国内再生铝企业的固体废物主要由 Al、O、C、Si、Mg、Ca、Fe 等元素组成，其中除尘灰和铝灰渣 Al 含量较高，超过 40%，具有铝资源回收利用价值。再生铝固体废物中还含有少量的 Cu、Zn、Ba、Cr、Ni、Pb 等重金属元素，主要来源于再生铝原料及生产过程中添加的精炼剂等，在模拟酸性降水条件下，存在多种重金属离子浸出，部分甚至超过危险废物浸出毒性标准，因而，再生铝固体废物处理处置和综合利用过程中存在重金属污染风险。此外，再生铝固体废物铝灰渣和除尘灰中均含有一定量的二噁英类物质，其中，混入废活性炭的除尘灰中，二噁英类物质含量最高可达 173517 ng/kg。含有大量二噁英类物质的除尘灰不仅影响空气质量，而且可通过呼吸系统进入人体，对人体健康造成严重的危害[46-47]。因此，再生铝固体废物的无害化处理处置、资源化综合利用成为降低再生铝固体废物环境污染风险的关键，应成为再生铝行业环境管理关注的焦点和重点。不仅要在处理处置过程中尽量减少直接堆存和填埋处理，而且应通过相关工艺技术的选择优化或配套完善的环保设施，防止综合利用过程中二次污染的产生。

铝灰的处置、回收是全球铝工业关注的焦点问题。其中 Al、AlN、Al_4C_3 等活性物及氟化盐、氯化盐等在填埋、堆积时可能给环境造成一定的危害。铝灰中的金属铝化学性质活泼，遇水或受潮情况下会释放出 H_2，遇见火源就会发生剧烈爆炸，对周边的环境造成严重破坏。N_2 作为成本低廉的气体，在铝电解过程中被广泛使用，铝液会与氮气接触而在表面形成 AlN，在一次铝灰回收的过程中，重熔后的铝液也会与空气中的氮气形成 AlN，因此，二次铝灰中 AlN 的含量较高。在铝材重熔过程，会向铝液中加入有机化合物（C_2Cl_6 等）作为精炼剂；通常，加入的化合物不完全燃烧，就会产生许多有毒的有机气体，如 PCDD/DF 和 PBDD/DF，污染铝厂周围的空气，同时也会产生一部分 Al_4C_3，Al_4C_3 在遇水或受潮的情况下就会产生 CH_4，这些气体若在厂房周围积聚，极易发生爆炸。

在电解过程中，为了降低氧化铝的熔点，会向其中加入一定量的助熔剂（Na_3AlF_6、NaF、AlF_3、KF 等），这些氟化盐在扒灰的过程中会有一部分存于铝灰中。铝灰中含有的 Cr、Cd、Pb、F^-、Cl 、CN^-等重金属元素及有害离子，在污染土壤的过程中，还会随着重金属元素和有毒有害离子迁移污染地下水。在土壤环境中，氟化物与腐殖质和有机酸等结合，从而降低了生物有效性，水溶性氟化物对生物都有较高的生物有效性，容易被作物的根系吸收并在食物链的顶端积聚。李瑞仙等人[48] 测定铝灰存放地及附近的土壤样品成分，检测结果发现土壤样品中的 F^-、CN^-均超过《土壤环境质量标准》（GB 15618—2008）所规定阈值的 138 倍和 12 倍，存放地和附近土壤均为碱性，pH 值均处在 8.4~10.6，当土壤偏碱性时，OH^-较多，更易置换出土壤表面呈吸附态的氟离子，使其更易向地下水转移。一方面，铝灰的安全处置是制约铝工业绿色可持续发展的瓶颈；另一方面，铝灰所具有的浸出毒性和易燃性给铝灰的回收及再利用带来安全隐患。铝灰中的有毒金属离子或气体会导致或加剧皮肤刺激、肺部疾病、支气管炎等疾病。

浸出毒性测试模拟铝灰渣在进行堆存、填埋过程中，毒性物质在酸性降水作用下浸出而进入土壤环境的过程。在电解铝生产的霍尔工艺中，用氧化铝作为原料，氟化盐（冰晶石）为熔剂，在 900 ℃左右高温条件下在电解槽内进行电化学反应，铝灰渣产生于铝熔体表面。在铝合金加工工艺中，原材料采用铝水或铝锭，添加硅、镁、铜等中间合金，熔炼过程中添加精炼剂（无机钠盐）后铝灰渣浮于熔体表面。依据铝灰渣产生的工艺特点，浸出毒性物质的选择为《危险废物鉴别标准浸出毒性鉴别》（GB 5085.2—2007）中规定的无机元素和化合物，不涉及有机化合物。标准中规定了 11 种金属元素，选择了其中铜、锌、镍、铝、镉、钡、总铬、砷等 8 种铝生产工艺中涉及的毒性效应较强的金属元素，而未选择铍、银、汞等 3 种工艺中不涉及的金属元素。由于铝的毒性效应弱，且是地壳中最丰富的金属元素，也是组成土壤无机矿物的主要元素，进入土壤的危害性低，因此未检测铝元素。标准中还规定了 3 种无机元素，即硒、无机氟化物、氰化物。由于铝生产工艺中涉及大量氟化盐添加，而不涉及硒和氰化物的使用，因此仅选择无机氟化物进行检测分析[49]。

测定浸出液中重金属和氟化物含量，以硫酸硝酸混合液（pH = 3.2）浸出 18 h。采用 Shimadzu AA-6880 原子吸收分光光度计分析铜、锌、镍、铝、镉、钡、总铬、砷 8 种元素，检出限分别为 0.02 mg/L、0.005 mg/L、0.001 mg/L、0.001 mg/L、0.0002 mg/L、0.01 mg/L、0.001 mg/L、0.0001 mg/L。氟化物检测采用 Dionex Aquion 离子色谱仪（美国赛默飞世尔），检出限为 0.015 mg/L。

（1）反应性测定。由于缺少反应性测定方法的标准和研究，因此结合固体废物遇水反应性的测定方法及环境空气和废气中氨的测定（纳氏试剂分光光度法），研制了铝灰渣生成氨的释放率测定方法。在反应瓶中加入 10 g 铝灰渣样品和 200 mL 去离子水，置于磁力搅拌器上，通入氮气，氮气流量 1 L/min，通气时间 30 min，产生的氨气被氨气吸收瓶内 0.01 mol/L 硫酸吸收。吸收液加入 500 g/L 酒石酸钾钠溶液 0.5 mL 和纳氏试剂 0.5 mL 摇匀，使用 Hitachi U-4100 分光光度计（日立高新）测定吸光度，氨气释放率计算公式如下：

$$R = c \times V/m \tag{1.1}$$

式中，R 为氨气释放率，mg/kg；c 为吸收瓶中氨气质量浓度，mg/L；V 为吸收溶液体积，L；m 为铝灰渣质量，kg。

（2）易燃性测定。使用固态与液态固废燃烧性测定仪（TANYODG10-C）进行易燃性检测，将铝灰渣样品铺置于样品槽（长 250 mm、宽 20 mm、高 10 mm），用 1200 ℃高温灼烧样品一端，直到粉末点燃或喷烧，时间最长为 5 min。

（3）腐蚀性测定。称取 100 g 样品置于 1 L 水中震荡 8 h，使用去离子水制备铝灰渣样品浸出液，使用雷磁 PHSJ-3F 型 pH 计（上海仪电科学仪器股份有限公司）测定浸出液 pH 值。

（4）金属元素浸出质量浓度。铝灰渣样品浸出液中铜、锌、镍、铝、镉、钡、总铬、砷 8 种金属元素质量浓度见表 1.9。由表 1.9 可见，检出率较高的依次是铝、砷、镍、钡，检出率较低的依次是铜、镉、锌、总铬。单个金属元素锌、钡、总铬、砷、镍、铝的最高质量浓度分别为 0.015 mg/L、11.30 mg/L、0.410 mg/L、0.0009 mg/L、0.0062 mg/L、0.012 mg/L，与其相应的危险废物标准限值 100 mg/L、100 mg/L、15 mg/L、5 mg/L、5 mg/L、5 mg/L 相比，低 1~4 个数量级。总体而言，铝灰渣中 8 种金属元素在浸出液中浓度极低，金属元素渗出并直接污染土壤和地下水的风险极小。

表 1.9 铝灰渣样品浸出液中毒性物质质量浓度

物 质	检出率/%	质量浓度/mg · L^{-1}		
		最低值	最高值	标准值
铜	0	<0.02	<0.02	100
锌	6	<0.005	0.015	100
钡	63	<0.01	11.3	100
总铬	21	<0.001	0.41	15
砷	95	<0.0001	0.0009	5
镍	68	<0.001	0.0062	5
铝	100	0.001	0.012	5
镉	0	<0.0002	<0.0002	1

相较其他金属元素，钡质量浓度较高，且在不同企业样品中差异性较大。这是由于在合金化环节中，企业添加钡丝作为辅料，因此造成铝灰渣中钡质量浓度随之升高。合金化过程中添加元素可能会导致其浸出质量浓度相应增多。有研究发现某企业铝灰渣浸出液中锌质量浓度高达 136 mg/L。2 份电解槽大修渣样品中金属元素的浸出水平与铝灰渣相似，其中镍（0.341 mg/L 和 0.733 mg/L）的浓度相对较高，其他金属元素铜为 0.04 mg/L 和 0.15 mg/L、锌为<0.005 mg/L 和 0.025 mg/L、钡为<0.01 mg/L 和 0.06 mg/L、总铬为<0.001 mg/L 和 0.01 mg/L、砷为 0.0008 mg/L 和 0.0184 mg/L、铝为 0.003 mg/L 和 0.012 mg/L、镉未检出。再生铝的铝灰渣浸出液中只能检测到微量铝和砷，其他金属元素均未检出。

（5）氟化物浸出液质量浓度。氟化物是铝灰渣浸出液毒性中最受关注的污染指标，其浸出液质量浓度为 2~1370 mg/L。6 家企业铝灰渣浸出液氟化物质量浓度分别为：A 企业 81~113 mg/L、B 企业 45~1370 mg/L、C 企业 30~124 mg/L、D 企业 2~221 mg/L、E 企业 3~172 mg/L、F 企业 80~247 mg/L。各企业氟化物质量浓度平均值标注见图 1.15（图中标注数字为平均值，误差线为标准偏差）。由图 1.15 可见，企业 B 铝灰渣氟化物质量浓度平均值最高，为（599±272）mg/L，其来源是电解铝水的运输。与此相似的是，2 份电解槽大修渣样品中氟化物浸出液质量浓度分别为 507 mg/L 和 2200 mg/L。这说明，与电解工艺密切联系的铝灰渣含有更多氟化物。电解工艺生成的铝水，可添加精炼剂进行除杂，铸造成为铝锭。企业 A 和 C 在铸锭环节产生铝灰渣的氟化物浸出液质量浓度平均值分别为（95±17）mg/L 和（77±66）mg/L，比企业 B 低 84% 和 87%。以 A、B、C 企业为代表的原铝冶炼企业，将铝灰渣返回电解槽作为保温料使用，其优点是铝灰渣能够完全熔化于电解槽内再次利用，并且不会产生二次铝灰渣，但其缺点是缩短电解槽使用寿命。

铝工业过程中的氟元素主要来源于电解工艺。目前常用的电解工艺是霍尔-埃鲁特法，以氧化铝为原料，冰晶石（NaF 和 AlF_3）或其他氟化盐为电解质，在电解槽中通过预焙阳极导入强大直流电，在 900 ℃左右高温条件下，熔融电解质在电解槽内发生电化学反应，生成液态金属铝，工艺流程见图 1.16。

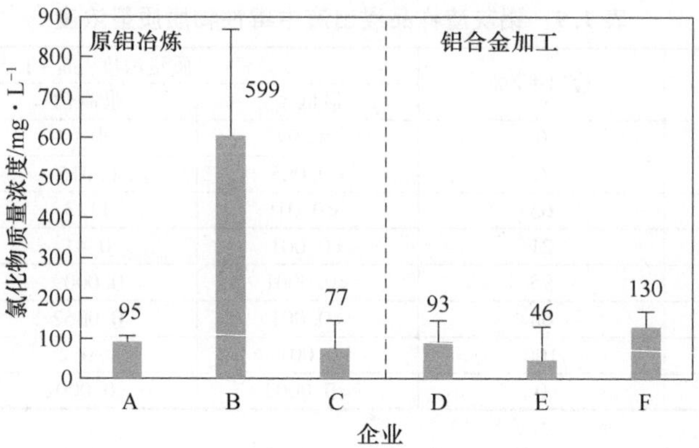

图 1.15　6 家企业铝灰渣浸出液氟化物质量浓度

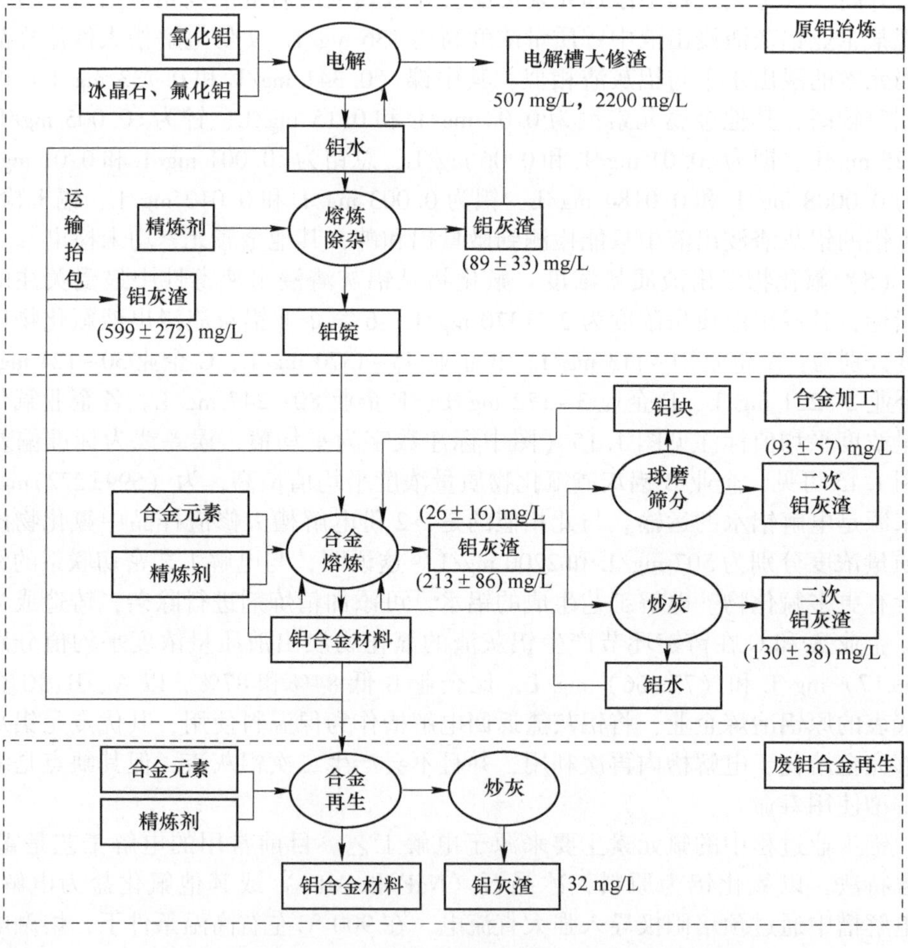

图 1.16　铝生产加工环节产生铝灰渣的氟化物浸出水平

从工业实践和替代技术研发情况来看，氟化物电解质具有难以取代的技术优势。氟化物电解质吸水性和挥发性较弱，可保证电解条件稳定。尽管也可选用氯化物作为电解质，但其能耗高，而且会产生氯气污染。

由图 1. 16 可见，铝合金加工以铝水和铝锭为主要材料，按照合金产品标准添加一定量的镁、硅等材料，配置合金。在熔炼过程中添加精炼剂进行除杂，此时产生的铝灰渣仍含有大量金属铝，可进行回收处理。D 企业通过球磨筛分这种冷处理方式，利用粒径大小分离铝和铝灰渣。F 企业通过炒灰这种热处理方式，利用熔点高低分离金属铝液和铝灰渣。以上 2 种方式的优势是能够回收铝资源，不足之处一方面是产生大量粉尘污染，需配合完善的除尘装置；另一方面是残余二次铝灰渣，企业内部无法最终处置。

为了比较铝资源回收利用工艺对氟化物浸出水平的影响，分别采集并测定了 2 种工艺处理前后的铝灰渣。其中，企业 E 不进行任何处理，氟化物浸出浓度为（46±84）mg/L。铝灰渣中铝资源回收处理前后氟化物浸出质量浓度见图 1. 17。

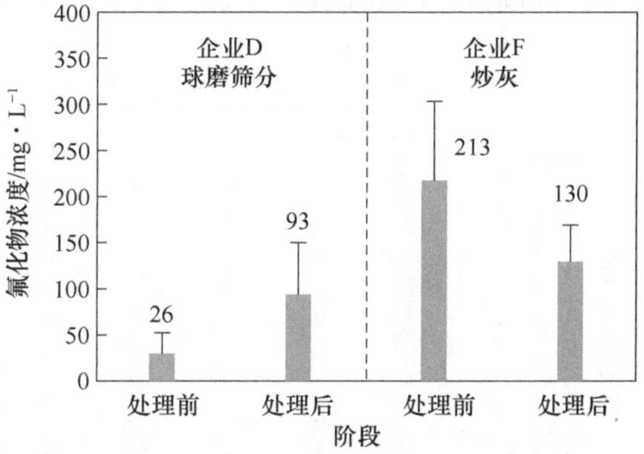

图 1. 17 铝灰渣中铝资源回收处理前后氟化物浸出质量浓度

由图 1. 17 可见，企业 D 铝灰渣处理前氟化物浸出质量浓度为（26. 4±15. 6）mg/L，经过球磨筛分处理后质量浓度为（93±57）mg/L，处理后浸出质量浓度显著升高；与此相反，企业 F 铝灰渣处理前质量浓度为（213±57）mg/L，经过炒灰处理后质量浓度为（130±38）mg/L，浸出质量浓度有所降低。企业 D 和 E 虽都是铝合金加工，但是铝灰渣在回收处理前后，氟化物浸出质量浓度均呈现数倍差异。这其中主要原因可能是其原辅材料不同。在原料方面，企业 D 使用铝水和铝锭为原料；而企业 F 在此之外还添加了废旧铝合金，导致杂质增多，所需精炼剂用量也随之增多。在辅料方面，企业 D 使用无氟精炼剂，减少了氟元素引入；而企业 F 使用含氟精炼剂，引入了更多氟元素。因此，原辅材料选择不同，可能会导致铝灰渣氟化物浸出程度有所不同。在铝灰渣末端处置应用中可以考虑不同来源铝灰渣的差异性，选择不同程度的无害化前处理工艺。例如，利用水浸、碱烧结—水浸混联法、真空冶金法等工艺实现铝灰渣脱氟。

（6）反应性。由于金属铝和空气中的氮元素反应会在金属铝表面生成很薄的一层氮化铝（AlN），AlN 与水会反应产生氨气，见式（1.2）。其不仅会造成溶液酸碱程度发生变化，还会造成空气污染。

$$AlN + 3H_2O \longrightarrow Al(OH)_3 + NH_3\uparrow \tag{1.2}$$

所有样品的氨气释放量为 3.3~6.0 mg/kg，A~F 企业样品的氨气释放量（见图 1.18）分别为（5.2±0.3）mg/kg、（5.1±0.9）mg/kg、（4.5±0.2）mg/kg、（4.1±1.2）mg/kg、（4.5±1.2）mg/kg、（4.8±1.1）mg/kg，原铝冶炼和铝合金加工企业之间无显著性差异（$p>0.05$）。从热力学角度分析，在 0~100 ℃范围内该反应的吉布斯自由能变化均小于零，反应在环境温度下能够朝正方向进行。温度是影响铝灰渣中 AlN 与水反应的关键环境因子，温度越高，氨气释放率越高。X 射线衍射和扫描电镜观测表明，AlN 水解过程包含了 AlN 表面暴露，无定型氢氧化铝、勃姆石（AlOOH）生成，以及三水铝石 $Al(OH)_3$ 沉淀 3 个过程。

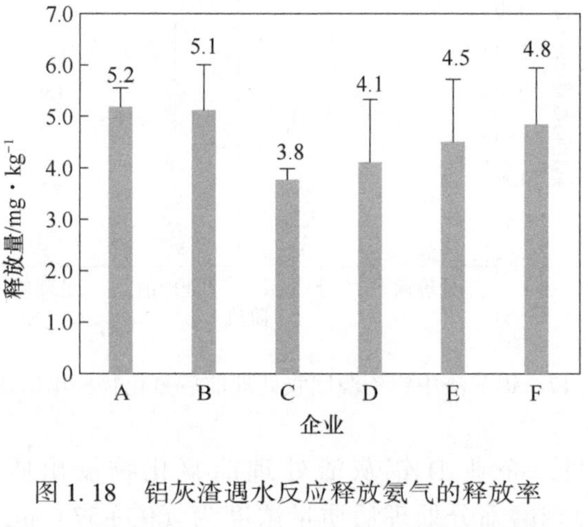

图 1.18　铝灰渣遇水反应释放氨气的释放率

从固体废物反应程度的角度分析，《危险废物鉴别标准　反应性鉴别》（GB 5085.5—2007）并未规定氨气释放率标准，仅规定了氰化氢和硫化氢气体释放率标准，分别为超过 250 mg/kg 和 500 mg/kg 即为危险废物。首先，本节研究所测定铝灰渣的氨气释放率均远低于 250 mg/kg 和 500 mg/kg 的标准；其次，氨气的毒性远低于氰化氢和硫化氢，如《工作场所有害因素职业接触限值　第 1 部分：化学有害因素》（GBZ 2.1—2019）规定了氨气的时间加权平均最高容许浓度为 20 mg/m^3，而氰化氢最高容许浓度仅为 1 mg/m^3，硫化氢仅为 10 mg/m^3。因此，铝灰渣在正常温度条件下的氨气释放率不足以造成人体健康风险，但是仍需注意在储存过程中避免受潮，以及避免氨气在密闭空间内蓄积。

除了氨气，铝灰渣在特定机械处理后，其中的铝能够与碱性溶液反应生产氢气，见式（1.3），但是该反应在普通环境条件下不会发生。该反应中的 Al 反应生成 AlOOH，见式（1.4），是一种环境友好型材料，可用于制造高品质耐火材料和铝酸钙水泥。此外，铝灰渣中的碳化铝（Al_4C_3）、磷化铝（AlP）、硫化铝（Al_2S_3）能够与水或水蒸气缓慢反应，释放甲烷（CH_4）、磷化氢（PH_3）和硫化氢（H_2S）等气体，具体化学反应式如下：

$$2Al + 6H_2O \longrightarrow 2Al(OH)_3 + 3H_2\uparrow \tag{1.3}$$

$$Al(OH)_3 \longrightarrow AlOOH + H_2O \tag{1.4}$$

$$AlP + 3H_2O \longrightarrow Al(OH)_3 + PH_3\uparrow \tag{1.5}$$

$$Al_2S_3 + 6H_2O \longrightarrow 2Al(OH)_3 + 3H_2S\uparrow \tag{1.6}$$

$$Al_4C_3 + 12H_2O \longrightarrow 4Al(OH)_3 + 3CH_4\uparrow \tag{1.7}$$

（7）腐蚀性和易燃性。所有铝灰渣样品在纯水中制备浸出液，其 pH 值在 8.65~11.98 范围内，均未超过《危险废物鉴别标准　腐蚀性鉴别》（GB 5085.1—2007）中 pH 值不小于 12.5 或者 pH 值不大于 2.0 的腐蚀性标准。A~F 企业样品的浸出液 pH 值分别为 11.3±0.2、10.2±0.2、10.7±0.2、9.0±0.3、9.4±0.2、10.2±0.2（见图 1.19），原铝冶炼产生的铝灰渣腐蚀性显著强于铝合金加工（$p<0.05$）。在固废燃烧性测定仪中 1200 ℃条件下喷烧 5 min，所有铝灰渣样品均不能被点燃，可认为其不具备可燃性。

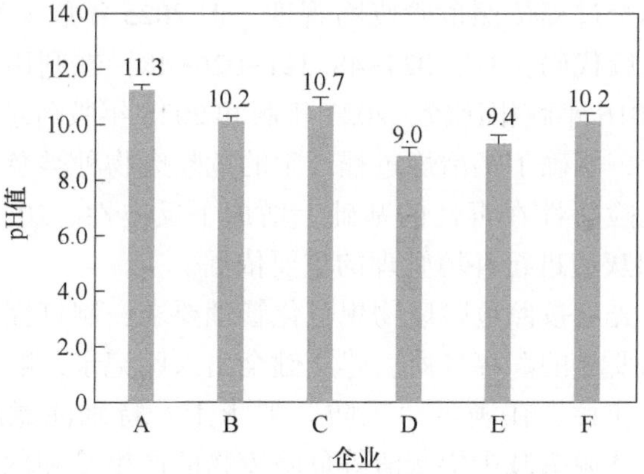

图 1.19　6 家企业铝灰渣浸出液 pH 值

铝灰渣具有明确的浸出毒性，氟化物是其中的主要危害因子，铜、锌、镍、铅、镉、钡、总铬、砷等 8 种金属元素危害性可排除。铝灰渣样品浸出液氟化物质量浓度为 2~1370 mg/L，其中原铝冶炼所产生的铝灰渣显著高于铝合金加工所产生的铝灰渣，铝水运输抬包中产生的铝灰渣质量浓度最高，平均值高达

599 mg/L，超过危险废物限值标准 5 倍。原铝冶炼企业将铝灰渣返回电解槽使用可实现其完全资源化利用，铝合金加工企业使用球磨筛分的冷处理工艺和炒灰的热处理工艺回收铝资源，球磨筛分后浸出液氟化物浓度升高，而炒灰后浸出液氟化物浓度降低。在铝合金加工环节中，原辅料中是否添加废旧铝合金、精炼剂是否含氟是影响不同企业间铝灰渣氟化物浓度的可能因素。

铝灰渣与水反应产生氨气的释放量为 3.3~6.0 mg/kg，正常状态下释放率不足以造成健康风险。铝灰渣在纯水中浸出液 pH 值为 8.65~11.98，不具备腐蚀性。同时，铝灰渣也不具备易燃性。

1.4.2　国家管理要求

2025 年版《国家危险废物名录》于 2025 年 1 月 1 日起实施，规定了 3 类铝灰渣相关危险废物，分别为：（1）电解铝铝液转移、精炼、合金化、铸造过程熔体表面产生的铝灰渣，以及回收铝过程产生的盐渣和二次铝灰（代码：321-024-48）；（2）再生铝和铝材加工过程中，废铝及铝锭重熔、精炼、合金化、铸造熔体表面产生的铝灰渣及其回收铝过程产生的盐渣和二次铝灰（代码：321-026-48）；（3）铝灰热回收铝过程烟气处理集（除）尘装置收集的粉尘，铝冶炼和再生过程烟气（包括：再生铝熔炼烟气、铝液熔体净化、除杂、合金化、铸造烟气）处理集（除）尘装置收集的粉尘（代码：321-034-48）。2021 年版目录明确上述前 2 类在满足回收金属铝的豁免条件下，回收利用过程不按危险废物管理，但最终处置仍全过程按照危险废物管理。但 2025 年版又删除危险废物（铝灰渣和二次铝灰危废代码：321-024-48. 321-026-48）在利用过程不按危险废物管理的内容。与 2016 年版相比较，2021 年版和 2025 年版名录重新梳理了铝冶炼过程中产生的危废，明确了铝冶炼过程产生的危险废物种类及其工艺来源和危险特性，铝灰渣的危险特性在毒性的基础上增加了反应性。2025 年版《国家危险废物名录》是对铝灰渣进行环境管理的重要依据。

铝加工企业首先应按照危险废物规范化管理要求，制订完善的管理计划、台账，修建符合国家要求的贮存场所，建立健全出入库记录；贮存库应结合铝灰渣浸出毒性和遇水反应性，在满足“三防”要求上，特别注意防水。其次，采取清洁生产等措施，从源头减少铝灰渣等危险废物的产生量和危害性，优先实行企业内部资源化利用。为了减轻危废处置的经济成本，电解铝企业可通过电解槽回用的方式实现铝灰渣完全资源化利用，电解铝企业还可以采用筛分、炒灰等可行技术方法对铝灰渣进行资源回收，实现二次铝灰渣减量化利用。

结合生态环境部《关于提升危险废物环境监管能力、利用处置能力和环境风险防范能力的指导意见》，各级环境管理部门应统筹涉及铝灰渣类危险废物处置能力建设。建议有条件的地区结合本地实际情况制定铝灰渣类危险废物资源化利用污染控制标准或技术规范，指导铝加工企业有方法、有序地处理铝灰渣，加强铝灰渣处置过程中污染防治。铝灰渣缺少国家通行认可的利用或者处置技术，工信部鼓励和扶持易操作、低成本、少污染的铝灰渣资源化和无害化处置技术投产，可根据不同来源铝灰渣浸出毒性和反应性程度，对其进行脱氮、脱氟处置和分类管理。目前，具有危险废物处置资质的铝灰渣资源化利用方式有利用石灰石和二次铝灰为原料生产铝酸钙，利用二次铝灰经过高温固氟和脱氮处理后，生产高铝熟料（氧化铝基粉料）。

《国家危险废物名录》(2021 年版和 2025 年版) 对电解铝、再生铝、铝加工及收尘等工艺产生的铝灰进行了明细分类，对不同工艺铝灰的危险特性进行了区分，其中电解铝产生的铝灰渣及回收铝过程产生的盐渣和铝灰具有反应性和浸出毒性的危险特性，再生铝及铝材加工产生的铝灰渣及其回收过程产生的盐渣和铝灰具有反应性危险特性，铝灰热法回收铝烟尘及铝冶炼和再生过程烟尘具有漫出毒性和反应性危险特性。2020 年新修订的《中华人民共和国固体废物污染环境防治法》要求产生废弃物的单位要建立危险废物管理台账，严格通过国家危险废物信息管理系统向所在地生态环境主管部门申报危险废物的种类、产生量、流向、贮存、处置等有关资料。铝灰的存放、运输、处置要按照危险固体废弃物的制度和程序实施，不得将危险废物提供或者委托给无许可证的单位或者其他生产经营者堆放、利用、处置。

2019 年 11 月发布的《危险废物鉴别标准通则》(GB 5085.7—2019) 对危废混合后判定规则和危废利用处置后判定规则进行了明确，其中“5.2 仅具有腐蚀性、易燃性、反应性中一种或一种以上危险特性的危险废物与其他物质混合，混合后的固体废物经鉴别不再具有危险特性的不属于危险废物”，这说明再生铝产生的盐渣和铝灰仅具有反应性，可以和其他物质混合处理。“6.2 具有毒性危险特性的危险废物利用过程产生的固体废物，经鉴别不再具有危险特性的，不属于危险废物”，这说明铝灰在利用过程产生的废物只要鉴别合格，可以不按危废管理，这对铝灰的资源化利用提供了有利条件。

同时，根据《中华人民共和国环境保护税法》中环境保护税目税额表，排放铝灰的单位于 2018 年 1 月 1 日起征收 1000 元/吨危险固体废物排放税。以往铝灰的处理方式多是外售提炼铝生产再生锭，但对于提铝后的废灰处置十分不规范。铝灰入危给铝行业带来巨大挑战，传统的处理方式已不可行，随着企业处理铝灰成本增加，铝灰的处理模式将发生变化，下一步通过集中建立铝灰危废处理中心，将区域内铝灰集中处理，实现高效、清洁、环保的铝灰处置利用，是行业发展的必经之路。

面对铝灰渣类固体废物全面纳入《国家危险废物名录》，铝加工企业应按照名录做好企业内部铝灰渣的识别和管控，对其进行减量化、资源化利用，针对浸出毒性和反应性建造或改造储存仓库，环境管理部门需统筹铝灰渣类危险废物无害化处置技术审批和能力建设[50]。

1.4.3　铝灰的主要危害

铝灰中含有大量的氧化铝、氢氧化铝、氧化铁、氧化钙等成分，同时还含有大量的有害金属元素，如锑、砷、铝等，对当地土壤及水资源会造成严重污染。因此它具有以下危害性[51]：

（1）对环境的污染。铝灰中含有的有害物质将会随着污染物质的流散而对环境造成污染。一旦铝灰进入水、土壤、空气中，就会对周围环境造成不可逆转的破坏，使得生态系统失衡，导致一系列生态灾害，铝灰对环境还会造成粉尘、氨气等污染，铝灰遇水呈碱性，还会破坏土壤酸碱度。

（2）对人类健康的危害。铝灰中的有害物质将污染人类的生活环境，直接危害人的身体健康。长期暴露在铝灰中的人会出现呼吸系统、消化系统、免疫系统、神经系统等多种病症。

铝灰中存在着大量对人体和环境有害的元素：氟、铬、硒、砷、钡、镉、铝等。铝灰中的氟含量超出规定值的 3~4 倍，如果将铝灰填埋，铝灰里大量的氟元素将会对地下水造成严重污染，人畜饮用后会对身体造成严重影响，氟和人体骨骼的主要成分钙反应，破坏骨骼的含钙量，造成缺钙、骨骼松软、牙齿脱落等。铝盐一旦进入人体，沉积在大脑内，可能导致脑损伤，造成严重的记忆力丧失，这是早老性痴呆症特有的症状。

要有效防治铝灰污染，就应妥善存放，避免铝灰受潮和见水，同时要对铝灰进行合理的开发利用，使其不再污染环境。

参考文献

[1] 袁亚，俞小花，谢刚，等．熔盐电解质体系及在制备铝合金中的研究进展［J］．中国有色冶金，2024，53（1）：24-33.

[2] 朱逸慧．奋力书写绿色低碳高质量发展的“铝”业新篇章——记 2023 中国国际铝工业展览会［J］．中国有色金属，2023（16）：27-32.

[3] 顾松青．我国的铝土矿资源和高效低耗的氧化铝生产技术［J］．中国有色金属学报，2004（s1）：91-97.

[4] 付宇．2022 第三届中国铝工业高质量发展峰会暨铝产品展会［J］．中国有色金属，2022（17）：19-20.

[5] 张显国．铝工业大数据时序处理技术研究［D］．贵阳：贵州大学，2023.

[6] 余欣未，蒋显全，谭小东，等．中国铝产业的发展现状及展望［J］．中国有色金属学报，2020，30（4）：709-718.

[7] 于佳宁．中国铝业绿色创新的动因、路径及绩效分析［J］．环渤海经济瞭望，2024（6）：

63-66.

[8] 王爱慧，刘京青，李开颜．电解铝，这5年［N］．中国有色金属报，2022-04-28（001）．

[9] 李如是．需求显韧性利润渐回升 电解铝企业开工率维持高位［N］．证券日报，2023-12-30（B02）．

[10] 王琛钧．电解铝企业铝灰产生规律探究及管控浅析［J］．新疆环境保护，2023，45（4）：44-48.

[11] 张晓霞，段毅，苏俊．铝灰的研究现状及进展分析［J］．云南冶金，2023，52（3）：63-67.

[12] 俞新宇，彭军，张芳，等．铝灰资源综合利用［J］．中国铸造装备与技术，2022，57（1）：21-30.

[13] 柴登鹏，周云峰，李昌林，等．铝灰综合回收利用的国内外技术现状及趋势［J］．轻金属，2015（6）：1-4.

[14] GRANDE L，VICENTE M A，KORILI A，et al. Synthesis strategies of alumina from aluminum saline slags［J］. Process Safety and Environmental Protection，2023，172：1010-1028.

[15] LIU Y Q，LEONG B S，HU Z T，et al. Autoclaved aerated concrete incorporating waste aluminum dust as foaming agent［J］. Construction and Building Materials，2017，148：140-147.

[16] 吴珍，张晓玉，陈中楠，等．二次铝灰危险废物的资源化利用技术研究进展［J］．再生资源与循环经济，2022，15（12）：39-41.

[17] MANFREDI O，WUTH W，BOHLINGER I. Characterizing the physical and chemical properties of aluminum dross［J］. JOM，1997，49（11）：48-51.

[18] MURAYAMA N，MAEKAWA I，USHIRO H，et al. Synthesis of various layered double hydroxides using aluminum dross generated in aluminum recycling process［J］. International Journal of Mineral Processing，2012，110-111（5）：46-52.

[19] SHINZATO M，HYPOLITO R. Solid waste from aluminum recycling process：characterization and reuse of its economically valuable constituents［J］. Waste Management，2005，25（1）：37-46.

[20] HUANG K，YI X. Resource utilization and high-value targeted conversion for secondary aluminum dross：A review［J］. Journal of Management，2023，75（2）：279-290.

[21] ZHANG Y，CAI Y，LIU S，et al. Life cycle assessment of aluminum-silicon alloy production from secondary aluminum in China［J］. Journal of Cleaner Production，2023，392：136214.

[22] SHEN H，LIU B，EKBERG C，et al. Harmless disposal and resource utilization for secondary aluminum dross：A review［J］. Science of the Total Environment，2021，760：143968.

[23] MAHINROOSTA M，ALLAHVERDI A. Hazardous aluminum dross characterization and recycling strategies：A critical review［J］. Journal of Environmental Management，2018，223：452-468.

[24] 康天宇．铝灰处理与循环利用研究［D］．沈阳：东北大学，2011.

[25] 徐紫润，王钰，刘敬勇，等．二次铝灰湿法除氟工艺及氟化物的转化行为研究［J］．无机盐工业，2024，56（6）：109-118.

[26] 李亮星，董学舒，程一，等．二次铝灰无害化处理和资源化利用研究进展［J］．轻金属，2024（4）：5-12.

[27] 国家危险废物名录［J］．中华人民共和国国务院公报，2016（26）：39-40.

[28] 王祝堂．铝电解技术的发展历史与进展［J］．轻金属，2003（3）：34.

[29] 许博源．影响电解铝产量的因素分析和平衡分析［J］．轻金属，1987（2）：27-28.

[30] 门翠双．法国铝工业百年兴衰史——世界铝工业百年兴衰史系列（一）［J］．轻金属，2022（3）：1-7.

[31] 卢建．中国铝加工工业发展现状及分析［J］．轻合金加工技术，2017，45（8）：13-19.

[32] 金佳鑫．铝电解槽工艺参数监控系统设计［D］．大连：大连理工大学，2010.

[33] 邵浩祥．超高层建筑铝模板施工优化设计及工程应用［D］．淮南：安徽理工大学，2014.

[34] 刘羽，段保华，陈光耀，等．压铸铝合金的发展历史和未来展望［J］．材料导报，2023，37（s2）：348-357.

[35] 王国军，王祝堂．中国铝合金热轧工业的发展历史和现状（2）［J］．轻合金加工技术，2018，46（10）：1-14.

[36] 王晓．中国式市场化过程中的一种国有企业［D］．沈阳：沈阳师范大学，2014.

[37] 门翠双．中国氧化铝产业的 70 年发展历程（1950—2020 年）（上）［J］．轻金属，2021（9）：1-5.

[38] 门翠双．中国氧化铝产业的 70 年发展历程（1950—2020 年）（下）［J］．轻金属，2021（11）：1-8.

[39] 田应甫．铝电解槽阳极极距构成模型及工艺能耗［J］．轻金属，2011（2）：31-33.

[40] 戚喜全，冯乃祥，崔建忠．阳极更换及铝液高度对电解槽内铝液流速场的影响［J］．中国有色金属学报，2005（3）：485-489.

[41] 顾松青．新型结构电解槽技术的研发及工业应用［J］．材料与冶金学报，2010（s1）：52-55.

[42] 刘颖，张俊杰，沈汉林，等．二次铝灰资源化研究进展［J］．稀有金属，2024，48（2）：277-287.

[43] KALE M，YILMAZ I H，KAYA A，et al. Pilot-scale hydrogen generation from the hydrolysis of black aluminum dross without any catalyst［J］. Journal of the Energy Institute，2022，100：99-108.

[44] 国家危险废物名录（2021 年版）［J］．中华人民共和国国务院公报，2021（4）：18-46.

[45] 刘桂华，黄文强，熊德芬，等．铝灰中活性物相的反应行为［J］．中国有色金属学报，2018，28（11）：2341-2350.

[46] 雷绍民，郭振华．氟污染的危害及含氟废水处理技术研究进展［J］．金属矿山，2012（4）：152-155.

[47] 周聪．低温等离子体装置研发及其去除再生铝生产过程中二噁英影响因素研究［D］．南昌：东华理工大学，2023.

[48] 李瑞仙，刘靖晶，李玉泽．铝灰主要污染成分及其对周围土壤环境的影响和治理措施［J］．矿产勘查，2019，10（6）：1513-1516.

[49] 袁世成，侯松嵋，蔡磊明，等．危险废物浸出毒性鉴别标准限值分析［J］．环境卫生工

程，2021，29（6）：20-22，26.

[50] 张悦清，何欣凌，李平，等．铝工业链中铝灰渣的危险废物特性与管理建议［J］．环境监控与预警，2022，14（1）：84-90.

[51] ZHANG Y, LIN K, SU Z, et al. Self-driven hydrolysis mechanism of secondary aluminum dross (SAD) in the hydrometallurgical process without any additives［J］. Chemical Engineering Journal, 2023, 466: 143141.

2 铝灰处置与利用现状

2.1 铝灰资源化处置利用现状

一次铝灰由于其中的金属铝含量较高、具有经济价值被作为一种资源为企业重视和利用。铝灰的潜在价值主要体现在其所含的金属铝、氧化铝、氟化盐及其蕴含的热能等[1]。而二次铝灰作为一次铝灰提铝后的剩余物，在环保税实施前，由于中国缺乏先进、成熟且经济上投资少、效益高的处置技术而被抛弃或掩埋，既浪费了资源，又污染了环境，与当今绿色发展的理念极不相称。从二次铝灰、废阴极炭块、阳极炭渣、电解槽防渗料、耐火料、铝加工的污泥等每个分项数量、性质、成分、潜在价值等方面看，铝灰资源化利用的关键在于二次铝灰[2-4]。因此，时代呼唤先进、成熟且经济上投资少、效益高的处置技术尽快面世推广。

2.1.1 国外铝灰研究

国外对铝灰的研究主要集中在欧洲、美国和日本等发达国家和地区。欧洲集中在意大利和西班牙，美国集中在美国阿贡国家实验室（ANL）和盐博大科技有限公司，而日本相关公司的研究主要体现在 AD 粉上。再生铝加工的铝灰研究及产业化的代表性公司是意大利的安奇泰克技术有限公司，该公司早在 1981 年就开发出了一种再生铝灰的回收系统，经过近几十年的完善，已在欧洲建成了几家工厂[5]。

2.1.2 国内铝灰研究

目前，中国利用铝灰、铝渣回收生产再生铝的企业主要分布在华北及东部沿海地区，产量最多的地区是河南、山东一带，其产量约占到全国总产量的 40%。再生铝生产企业相对集中在一些农村和乡镇，如河北省的保定市、浙江永康市、山东的邹平县及广东省的南海市，都分布着几十家再生铝生产企业，且大部分为民营体制[6]。

国内从事铝灰开发研究的科研单位分别为中国科学院、北京矿冶科技集团有限公司、中国铝业郑州有色金属研究院有限公司、昆明冶金研究院有限公司等，高校中涉及铝灰研究的主要有东北大学、中南大学、昆明理工大学、江西理工大学、同济大学、南通大学等；企业中涉及铝灰研究的主要为山东铝业公司、山东铝晖环保科技有限公司、淄博海慧工程设计咨询有限公司、淄博德力鑫环保新科技有限公司、北京科林泽环保科技有限公司、湖南中大冶金设计有限公司、郑州中绿环保新材料有限公司、郑州经纬科技实业有限公司、沈阳银海再生资源科技有限公司、云南文山铝业有限公司等20余家。

目前全球铝的消费30%以上都是来源于再生铝，欧美等发达国家接近70%来源于再生铝[7-10]。在政府的大力扶持下，再生铝越来越受到重视，近年来再生铝产量也出现了稳定增长。再生铝生产过程中产生铝灰，所以再生铝的需求将影响铝灰的供给情况。

随着铝灰行业竞争的不断加剧，大型企业间并购整合与资本运作日趋频繁，国内外优秀的铝灰企业越来越重视对行业市场的分析研究，特别是对当前市场环境和客户需求趋势变化的深入研究，以期提前占领市场，取得先发优势。正因为如此，一大批优秀品牌迅速崛起，逐渐成为行业中的翘楚。

2.2 铝灰主要利用技术

目前处理二次铝灰的专利和工艺，缺乏对铝灰中盐熔剂的回收及氮化铝的处理及利用[11-15]。二次铝灰中氮化铝含量为15%~30%，在潮湿环境中会分解释放氨气，污染环境，但氮化铝是二次铝灰中具有较高利用价值的物质。氮化铝在水中的分解存在一段时间的诱导期，短时间或低温度洗涤铝灰并不能使氮化铝有效地分解，且氮化铝在热水中的分解速率高于在热酸中的分解速率。目前采用酸直接处理二次铝灰或将二次铝灰用水短时间洗涤后再采用酸处理，这两种方法氮化铝的分解量都很低，对氮化铝的利用困难。二次铝灰中的盐和氮化铝均是一种可用的资源，若不加以回收利用，不仅造成资源浪费，而且会污染环境。

二次铝灰无害化利用的方法，一方面能回收二次铝灰中盐熔剂和氮元素，降低浸出渣对环境的危害；另一方面能最大化地利用二次铝灰中铝元素，使制备出的聚合氯化铝产品中氧化铝的含量提高。

从铝灰中回收铝的方法主要有热处理回收法和冷处理回收法，铝的回收率可达70%以上。

从中国主要处置工艺及产能分布情况来看，有铝冶炼或者铝加工的省份均有相关配套技术，各省产能分布不均，主要集中在河南、山东、重庆、广东、云南等各大产铝大省（市），具体各省市处置产能见表2.1。

表 2.1　可查中国各省（区、市）铝灰处置产能（2023 年）

省　份	专业铝灰处置产能/t
安徽	2000
福建	139570
甘肃	102500
广东	130400
广西	195000
贵州	90000
河北	160000
河南	1165200
黑龙江	0
湖北	30000
湖南	0
吉林	29000
江西	4000
内蒙古	277000
青海	330000
山东	626000
山西	56000
四川	329704
新疆	50000
云南	164000
浙江	232000
重庆	251010
合　计	4363384

不包含如水泥、回转窑等协同处置，可查专业铝灰总处置产能达到 430 万吨以上（其中广东资料缺失），远大于铝灰理论产出量，说明目前中国再生铝或者相关行业产出铝灰仍然偏高，市场需求依然强劲。现行主要处理技术介绍如下[16-18]。

2.2.1　一次铝灰处理技术

一次铝灰处理技术包括炒灰回收法、ALUREC 法、倾动回转炉处理法、热搅拌回收法（metal recycling machine，MRM）和改良的 MRM 法、等离子体速溶法、压榨回收法、重选法、电选法、磨碎筛分法。

（1）炒灰回收法。该方法是我国小型铝厂普遍采用的铝灰回收金属铝的方法，是将底部带有加热的铁锅或容器内加入铝渣和盐熔剂，主要利用铝灰中金属铝氧化放热维持物料的温度，人工采用铁锹进行不断翻炒保证铝灰内部温度的均匀性，随着翻炒过程的进行，熔融铝液逐渐汇集到容器底部，再用钢勺将其取出并铸成铝锭。采用铁锅炒灰较为原始，操作简单，敞开式的工作方式会产生大量粉尘，对生态环境和人体健康造成很大危害。后续发展为增加集烟罩和喷淋收尘设备的小型炒灰机，但铝金属回收率仍较低。

（2）ALUREC 法。该方法是由丹麦阿加公司、德国霍格文斯铝业、德国曼恩公司合作开发的可倾斜式回转炉回收铝灰中金属铝的方法。采用天然气混合纯氧作为燃料，可在短时间内将铝灰加热至 1000 ℃以上，燃料喷嘴和烟气出口均设置在炉门侧，方便控制在负压条件下运行。运行过程中通过旋转炉体来促进铝灰内部的热量传递，随着铝灰被不断加热，熔融金属铝液逐渐沉积在炉料底部，待工作周期结束后抽出底部铝液进入保温炉，剩余铝灰直接从炉口排出。该方法的优点在于自动化程度和生产效率较高，操作环境好，但缺点是容易残留部分未处理的铝灰，需进一步回收处理。

（3）倾动回转炉法。该方法是目前国外应用最广泛的铝灰处理工艺。该方法主要以天然气为燃料加热炉内的铝灰与一定量的盐熔剂，通过炉体的不停旋转保证铝灰与盐熔剂的充分混合，盐熔剂的覆盖有利于降低金属铝的氧化损失。待反应一个周期后通过出料口排出金属铝液以生产铝锭。相较于其他高温炉，倾动回转炉具有较高的热效率，铝金属回收率可达 85%左右。缺点是盐熔剂的大量使用增加铝回收成本和后续含盐铝灰的处理难度。目前有研究通过改进炉体的密闭性来保证炉内的还原性气氛，从而减少甚至不用盐熔剂。

（4）热搅拌回收法（MRM）。日本企业开发了热搅拌回收法回收铝灰中的金属铝。该方法是将刚产出的热态铝灰直接加入带有搅拌装置的容器内，通过加入可发生放热反应的熔剂来保持铝灰的温度，随着搅拌的不断进行，熔融铝液不断积聚在设备底部。待工作周期结束后，直接从设备底部的出料口排出金属铝液，残余的铝灰渣从设备顶部倾动倒出，铝灰渣后续可进一步球磨、筛分以提取金属铝粒，再加热重熔回收金属铝。改良的 MRM 法在设备内部通入了保护性气体，减少金属铝的氧化烧损，铝金属回收率最高可达 91%。

（5）等离子体速熔法。该方法是由美国等离子工艺公司和加拿大铝业联合开发的铝灰提铝方法，该方法是将工作气体电离形成的高温等离子体对铝渣电加热至 950 ℃左右，在高温条件下实现金属铝液与铝灰物料的分离，工作气体包括二氧化碳、甲烷或氢气。该方法铝金属回收率达 85%，优点是工艺回收过程可以少量或不使用盐熔剂，但缺点是设备投资和维护成本高，经济性较差。

（6）压榨回收法。该方法的原理是将热态的熔融铝灰从顶部装入压榨机，之后施加压力将熔融铝液穿破外层的氧化物薄膜，进入底部的容器回收。压榨回收法具有投资低、操作简便、自动化程度高、无需添加盐熔剂的优点。但高温下挤压出的熔融铝液与空气反应会迅速氧化，金属铝回收率较低。压榨回收法中最具有代表性的是美国阿尔特克公司开发的“The Press”回收工艺。通过顶部压头施加 15 MPa 压力挤压熔融铝灰，金属铝液在重力作用下进入下层容器回收。为减少回收过程的氧化损失，压头内部通有冷却水进行降温，可使铝灰温度由 800 ℃降至约 400 ℃，铝金属回收率在 60%左右。

(7) 重选法。该方法利用金属铝和其他杂质之间的密度不同进而分离金属。近几年对铝灰进行提铝处理只有少数企业采用重选法。该方法处理铝灰高效率、低成本、操作及维护费用低，但由于铝灰中杂质成分较多，含铝化合物复杂，无法避免密度差异小的组分的影响。因此，该工艺仍处于发展试验阶段。

(8) 电化学法。该方法利用物质之间电性和电荷数的不同导致金属在电场内受力不同进行分离金属。该方法在回收铝方面具有不错的效果，在电场中，铝灰失去了电子，其电性发生了变化，而其他成分则得到了带负电荷的电子，在电场力的作用下，金属铝和杂质分离，最终实现铝高效分离的目的，是一种清洁化的铝灰处理工艺。但是，该方法技术要求比较高，设备成本高，故在铝灰处理领域应用较少。Cao 等人[19]将铝灰破碎至小于 300 μm，使用多级静电分离来回收金属铝，其回收率由 50.74%增加至 69.77%。Mah 等人[20]将铝灰破碎成小于 840 μm 的微粒后，通过静电作用分离铝，铝的回收率为 70%。Hwang 等人[21]通过涡流电分离过程器，实现大颗粒金属铝的回收，但金属铝的回收率较低，还需要进一步改善。

(9) 球磨筛分法。该方法处理铝灰主要是使铝灰在球磨过程中将金属铝挤压成粒状，提取铝灰中的颗粒状金属铝，然后将粒状铝回炉熔炼，得到铸锭。由于其硬度较低，大块的金属铝可以通过粉碎和筛分的方式回收，经过机械破碎、球磨和筛分可回收更细的金属铝。该方法的优点为工艺发展较早，设备简单且成本低，但是生产效率较低，易造成粉尘污染。筛分法需充分考虑金属铝含量与粒径之间的关系，同时要降低筛分剩余物中氮化铝的含量。Hiraki 等人[22]通过研究发现在大于 200 μm 的残留物中含有较多的金属铝，而 AlN 的含量较低。将筛分粒径提高至 250 μm，残留物中金属铝的含量提高，而 AlN 的质量分数减少了 60%。

2.2.2 二次铝灰处理技术

对于二次铝灰的处置主要体现在对其中氮元素的脱除、有害元素氟的固定，以及通过湿法或火法回收其中的氧化铝。

2.2.2.1 铝灰脱氮、固氟

氮化铝是铝液和氮气在高温下反应生成的，具有不稳定性和毒性，当与水接

触时，会放出无色、刺激性气味的气体 NH_3。由于 AlN 在高温有氧条件下对氧的亲和力极强，在空气中 AlN 的氧化过程包括转变为富氧态的 AlN，然后转化为非晶态的 Al_2O_3，最后转变为最终产物 α-Al_2O_3。火法脱氮工艺可提高铝灰渣的反应活性，用于生产高附加值产品[23]。

二次铝灰高温焙烧脱氮机理见图 2.1(a)[24]。AlN 的颗粒表层首先与 O_2 接触反应形成 Al_2O_3-AlN 壳层结构，而后 O 通过 Al_2O_3 层向 Al_2O_3-AlN 界面处扩散并将 AlN 氧化，使 Al_2O_3 层逐渐增厚，由于 Al_2O_3 和 AlN 的热膨胀系数差异较大，随着温度的升高，Al_2O_3-AlN 壳层结构破裂，致使 AlN 裸露并再次被氧化。此过程为气-固未反应核模型，见图 2.1(b)，该过程受外扩散和内扩散交替进行，具体的反应方程式如下：

$$4AlN + 3O_2(g) = 2Al_2O_3 + 2N_2(g) \tag{2.1}$$

$$4AlN + 5O_2(g) = 2Al_2O_3 + 4NO(g) \tag{2.2}$$

$$4AlN + 7O_2(g) = 2Al_2O_3 + 4NO_2(g) \tag{2.3}$$

$$2AlN + 4O_2(g) = Al_2O_3 + N_2O_5(g) \tag{2.4}$$

$$2AlN + 2O_2(g) = Al_2O_3 + N_2O(g) \tag{2.5}$$

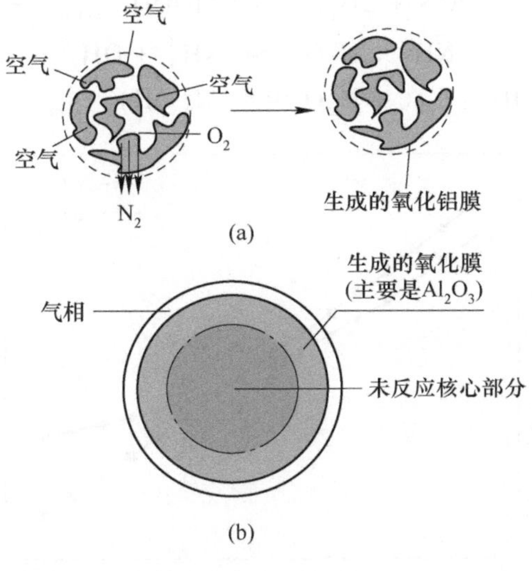

图 2.1 高温焙烧 O_2 和 AlN 反应机理图(a)和模型图(b)

Wang 等人[25]首次采用冰晶石火法冶金的工艺去除铝灰渣中的 AlN，实验证明，冰晶石可有效促进 AlN 的氧化，采用响应曲面法（RSM）和方差分析（ANOVA）确定最佳焙烧温度为 750 ℃、保温时间 194 min、冰晶石的质量分数 17.7%，AlN 的去除率达 94.71%。Li 等人[26]研究了焙烧过程对 AlN 的去除的影响，实验证明，氮化铝的最佳焙烧条件为：焙烧温度 800 ℃、焙烧时间 60 min，

AlN 的去除率可达 93.8%。李松元等人[27]采用钙化焙烧法脱除二次铝灰中的氮化铝，将二次铝灰中不利于浸出的氮化铝和氧化铝转变为易浸出的 $12CaO \cdot 7Al_2O_3$，最佳脱氮工艺为 m(CaO)：m(铝灰)= 0.4，焙烧温度 900 ℃，焙烧时间 300 min，在此条件下二次铝灰的脱氮率为 85.25%。李艳鸽等人[28]提出了一种铝灰脱氮的新工艺，铝灰与 ZZU-DN（质量分数：Na 38.06%，Ca 1.2%，Si 1.2%，Al 1.1%，Fe 0.7%，Mg 0.3%，C 12.55%，O 44.02%）混合焙烧可有效脱除铝灰中的氮化铝，保持焙烧温度为 890～920 ℃，ZZU-DN 添加比为 32.5%～35%（质量分数），保温时间 2.5～3 h，最大脱氮率达到 98.13%，ZZU-DN 与铝灰中的 Al_2O_3 和 SiO_2 生成多孔结构的 $Na_{1.95}(Al_{1.95}Si_{0.05}O_4)$。

氮化铝水解会放出大量的热量，使得二次铝灰易燃，因此储存二次铝灰有较大的安全隐患。在 298.15～373.13K 下 AlN 水解反应的吉布斯自由能为−158.16～−159.52 kJ/mol，见图 2.2。说明氮化铝的水解反应可自发进行。Kocjan 等人[29]研究了 AlN 水解的机理，随着温度的升高，AlN 表面会覆盖一层勃姆石（AlOOH），随着水解时间的延长，勃姆石转化为 $Al(OH)_3$ 的结晶相，此反应过程可用如下方程式描述：

$$AlN + 2H_2O = AlOOH_{(amorph)} + NH_3 \tag{2.6}$$

$$NH_3 + H_2O = NH_4^+ + OH^- \tag{2.7}$$

$$AlOOH_{(amorph)} + H_2O = Al(OH)_{3(xstsal)} \tag{2.8}$$

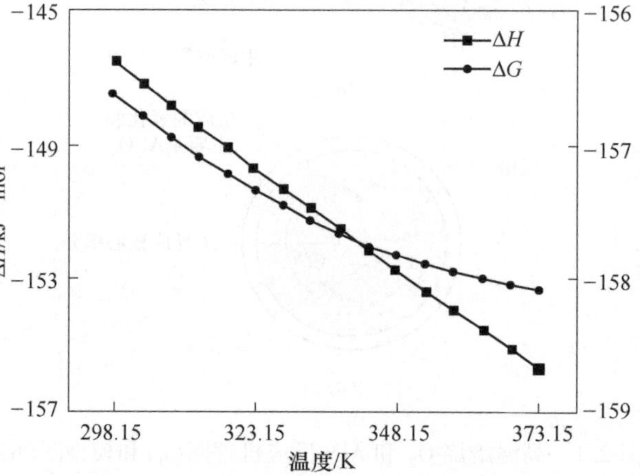

图 2.2　AlN 水解反应的 ΔH 和 ΔG 随温度的变化关系

水解脱氮最广泛的溶剂是工业用水，其特点是利用 AlN 与水反应产生的氨气在水中溶解度大的特点实现二次铝灰的脱氮。唐铃虹[30]对不同体系中 AlN 的水解进行了研究，在蒸馏水体系中，当温度为 90 ℃、时间为 8 h、液固比为 10∶1 时，铝灰的脱氮率为 38.12%；蒸馏水体系水解虽然工艺简单，成本低，但是近中性环境中 AlN 的水解效率并不高；在 5% 氢氧化钠和 5% 碳酸钠溶液中，铝灰的脱氮率分别达到 99.76% 和 94.14%，可见，碱性条件对 AlN 的水解有促进作用。不仅碱性溶液可以提高脱氮效率，在酸性条件下也可以除氮，并实现 Al 的回收利用。Fukumoto 等人[31]同样研究了不同体系中 AlN 的水解，实验发现，与去离子水相比，在 HCl 和 NaOH 溶液中 AlN 的水解速度更快，而 H_3PO_4 则会抑制 AlN 的水解。倪红军等人[32]公开了一种铝灰渣除氮方法。在 30～100 ℃的水中加入铝灰渣和反应剂（双氧水、过氧乙酸、氧化钙、碳酸钠、乙酸、稀硫酸的一种或几种），除氮率可达 96%以上。

湿法脱氮是二次铝灰无害化处理工艺中最常用的处理方法，处理过程中吸收的氨气可作为增值化产品利用，因其操作简便、能耗低、脱氮率高的优点被大量采用。

二次铝灰中的 F 主要来源于铝电解过程中的电解质，其主要形式是 NaF、Na_3AlF_6、AlF_3、CaF_2 等。铝灰中的 Cl 主要以 NaCl、KCl 的形式存在，因其熔点较低，在熟料烧结过程中会产生 Cl_2，腐蚀设备，剩余未挥发的 Cl 在熟料溶出的时候以离子形式进入铝酸钠溶液中，氯离子使分解诱导期变长，晶种活性降低，Cl 元素进入析出的固体 $Al(OH)_3$ 晶格中，使产品质量变差，而直接将铝灰作为电解质的原料，会因其高含量的氯而影响电解质体系的稳定性。

在湿法回收氧化铝之前一个重要的问题是从铝灰中去除可溶性盐。铝灰含有约 8%（质量分数）的 NaCl 和 KCl 盐，在浸出过程中，这些盐分进入溶液会影响溶解反应速率，并会污染最终的氢氧化铝产品。NaCl 和 KCl 可通过洗涤、蒸发回收，也可返回电解槽，铝灰的危险特性也可降低。Hazar 等人[33]研究了温度和时间对无机盐浸出的影响，结果表明，温度对盐的溶解没有显著影响，30 min 可达到无机盐的最大回收率。Kang 等人[34]通过破碎—溶解—蒸发分离等工序回收可溶性盐，在固液比为 1∶9 的条件下，盐的最大回收率约 91%。

针对铝灰中高含量的氯，崔维等人[35]研究了超声波强化浸出铝灰中氯的机理，结果表明，在超声波功率 150 W、浸出时间 1 h、液固质量比为 2 时，渣中氯含量为 0.38%；在超声波作用下，可剥削固体产物层，超声波可将溶液中的水分子分解为 H·、OH·、H_2O·、H_2O_2 和 O_2 等活性基团，强氧化性羟基自由基可直接参与氧化分解反应，减少反应阻力，促进液固反应进行，从而提高浸出率。除氯后的铝灰可作为原料返回电解，邴纯等人对铝灰返电解槽进行了探索，以覆盖料形式添加至电解槽，结块现象不算致密，起到了保温电解槽和保护炭阳极的作用；直接添加铝灰至电解槽，烧结程度大，炭阳极在电解槽的高温条件下氧化，对生产不利。

根据《危险废物鉴别标准 浸出毒性鉴别》（GB 5085.3—2007），无机氟化物浸出浓度的限制为 100 mg/L，刘凤琴等人[36]研究了钙化焙烧并在碱液中浸出回收铝、钠、氟，回收率分别为 93.35%、90.21%、90.53%。王宇栋等人[37]公开了一种真空冶金法分离铝灰中氮、氟、氯的方法，在大于 600 ℃的真空环境中保温 5 min 即可得到 5 种分离物，分别为：Al、Al_2O_3 纯度 95%~98%、AlN 纯度 86%~95%、$NaMgAlF_3$ 纯度 92%~96%、NaCl 纯度 98%~99%。鲍善词等人[38]研究了氟、氯在水溶液中的浸出规律，在酸性条件（pH=4）下 60 ℃浸出 8 h，氟、氯元素的最大浸出率分别为 87.67%、99.02%。Wan 等人[39]以二次铝灰渣为主要原料，通过低温碱性熔炼—浸出工艺萃取 Al，在浸出液中通入 CO_2 制得冰晶石（Na_3AlF_6），实现了铝灰中氟元素的回收利用。Gao 等人[40]开创了一种二次铝灰脱氟技术，可提取所有可溶性氟化物和冰晶石，实验流程见图 2.3，研究了 NaOH 浓度、温度、时间、液固比对氟化物浸出率的影响，活性氟化物的浸出率达 95.8%，同时，碱性溶液中 99.9%的氟离子可通过添加 CaO 转化为 CaF_2，稳定了活性氟化物，碱性溶液中氟化物的浓度为 5.944 mg/L，符合国家标准。

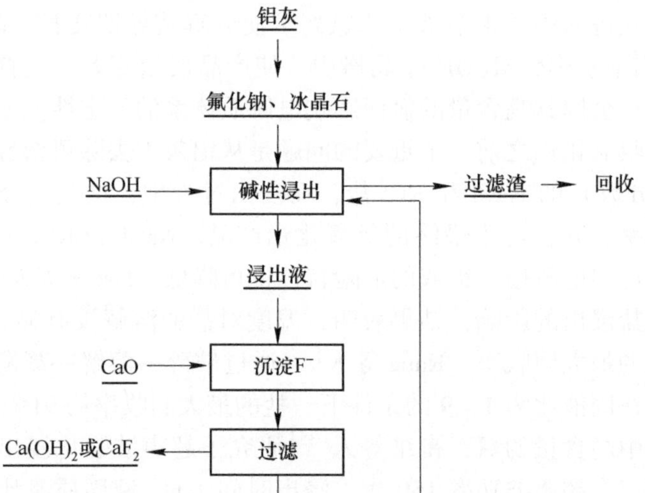

图 2.3　碱浸脱氟新工艺流程图

2.2.2.2　湿法回收氧化铝

铝及其氧化物为两性物质，铝灰中的含铝组分可在强酸溶液的作用下溶出 Al^{3+}。过去有很多学者研究了在不同酸性体系中回收氧化铝的工艺。在酸性浸出工艺中，通常使用 H_2SO_4、HNO_3、HCl 等作为浸出介质，其中，HCl 作为用途最广泛的试剂，曾被众多学者研究。当铝灰和酸接触时会发生以下反应：

$$Al_2O_3 + 6H^+ = 2Al^{3+} + 3H_2O \tag{2.9}$$

$$2Al + 6H^+ = 2Al^{3+} + 3H_2 \tag{2.10}$$

$$AlN + 4H^+ = Al^{3+} + NH_4^+ \tag{2.11}$$

王宝庆[41]使用硫酸作为浸出液，成功从铝灰中回收得到纯度为 99.12%的 α-Al_2O_3，在硫酸浓度为 2.0 mol/L、浸出时间 120 min、浸出温度 100 ℃、配料比 $n(H_2SO_4)/n(Al)=1.5\times1.3$ 的最佳条件下，铝的浸出率达 88.8%，采用亚铁氰化钾除铁后的溶液与碳酸氢铵反应生成碳酸铝铵凝胶，高温煅烧得到纳米氧化铝粉体。侯蕊红[42]通过水洗除去可溶性盐，并使氮化铝、碳化铝等全部水解，在 90 ℃、15%的硫酸溶液中浸出 5 h，铝的浸出率达 90.2%，该方法通过水洗除去大量的钠盐，会提高铝的回收，且工艺简单，没有产生新的废渣。Dash 等人[43]的实验结果证明，在 30%的 H_2SO_4 体系中反应 60 min，有 85%以上的氧化铝溶解；除去铝灰中的盐后，用 15%的 H_2SO_4 可溶出 85%以上的氧化铝，用 50%的 H_2SO_4 可溶出 95%以上的氧化铝。根据上述学者的研究结论，水洗除去盐分可促进氧化铝的溶解。

Yang 等人[44]研究表明，在酸性条件下，氮化铝会和酸反应生成铵根离子。因此不仅铝灰中的金属铝和氧化铝会和硫酸发生反应，其他化学物质也会发生反应，金属铝及其含铝组分会转化为硫酸铝，氮化铝转化为硫酸铝和硫酸铵。

How 等人[45]通过硫酸浸出、碱性沉淀的方法从铝灰中回收的 γ-Al_2O_3 晶粒尺寸约为 5 nm、比表面积为 111~128 m^2/g。David 等人[46]发现铝浸出的最大值是酸和铝灰之间的中和点，提取氧化铝的最佳实验条件为：温度为 90 ℃、H_2SO_4 浓度 15%、反应时间 5 h，固液比为 1∶12，可得到纯度大于 99.28%的氧化铝。Mahinroosta 等人[47]采用稀硫酸浸出、丙醇沉淀、真空过滤分离，最后在 500~1300 ℃煅烧的方法制备出了小于 100 nm 的 γ-Al_2O_3 和 α-Al_2O_3。

除了硫酸之外，盐酸作为腐蚀性酸也可作为浸出体系。Mahinroosta 等人[48]提出一种在常压低温下提取氧化铝的工艺，由盐酸浸出、共沉淀、纯化、再沉淀和煅烧五个阶段组成，具体工艺见图 2.4。研究表明，随着盐酸的浓度的提高，浸出率和浸出效率降低；实验结果表明，在 5 mol/L 的 HCl、85 ℃的体系中浸出 120 min，氧化铝的浸出率达 83%。Sarker 等人[49]认为氧化铝的提取率随酸浓度、反应温度、反应时间的增加而增加，在盐酸浓度 4 mol/L、反应温度 100 ℃、反应时间 120 min 时，氧化铝的提取率达 71%。由此可得，盐酸浓度为 4~5 mol/L 为最佳反应条件。

碱性浸出过程主要是铝灰中的 Al 和 Al_2O_3 组分，在碱性溶液中常压或高压条件下溶解形成 AlO_2^-，通过结晶再沉淀等方法可实现回收氢氧化铝，最后在 1100 ℃左右温度下煅烧生产冶金级氧化铝，生产原理见式（2.12）~式（2.15）：

$$Al_2O_3 + 2NaOH \xlongequal{\quad} 2NaAlO_2 + H_2O \tag{2.12}$$

$$2Al + 2NaOH + 2H_2O \xlongequal{\quad} 2NaAlO_2 + 3H_2 \tag{2.13}$$

$$NaAlO_2 + 2H_2O \xlongequal{\quad} Al(OH)_3 + NaOH \tag{2.14}$$

$$2Al(OH)_3 \xlongequal{\quad} Al_2O_3 + 3H_2O \tag{2.15}$$

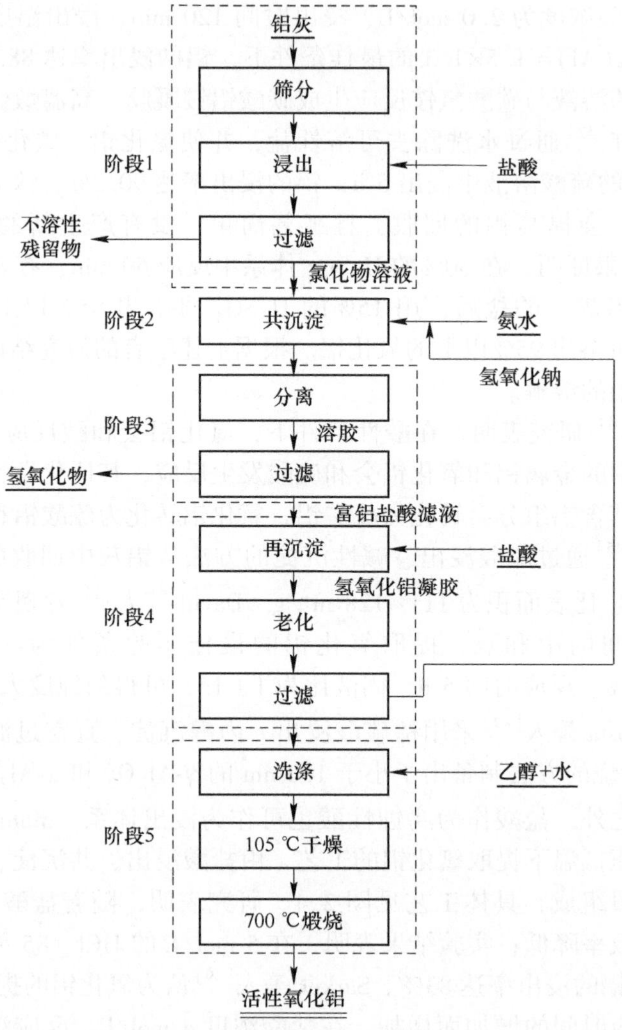

图 2.4　二次铝灰合成活性氧化铝的流程图

Jafari 等人[50]研究了不同 NaOH 浓度对铝灰渣浸出的影响，研究发现 1～2 mol/L 的 NaOH 溶液可提供足够的氢氧根离子和金属铝反应。根据李玲玲等人[51]的研究，在碱液质量浓度为 248 g/L、反应温度为 250 ℃的高压釜中反应 3 h，铝灰中的氧化铝最大溶出率为 98.6%，α-氧化铝、尖晶石、石榴石、钙霞石为浸出渣的主要物相。Turk 等人[52]采用水洗—浸出—沉淀—焙烧的工艺提取高纯 α-Al_2O_3，利用水洗可溶性盐后的滤渣在 65 ℃、5 mol/L 的 NaOH 溶液中反应 3 h，铝的提取率最高可达 92.78%。

Nguyen 等人[53]采用球磨—氢氧化钠浸出法选择性浸出铝灰渣中的氧化铝，研究发现机械活化对氧化铝的浸出有很大的影响。在 5 mol/L 的 NaOH 溶液、50 ℃、2 h 的最佳浸出条件下，浸出液中铝的纯度超过 98%，而氧化铝的浸出率仅为 35%；该研究者利用行星球磨机将水洗无盐铝灰渣机械活化 1 h，活化后铝灰渣在马弗炉中焙烧，在 5mol/L 的 NaOH 溶液、50 ℃、2 h 的最佳浸出条件下研究了超声波对氧化铝浸出的影响；结果表明，超声波的使用使氧化铝的浸出率由 35%提高到 60%。

湿法冶金为铝灰处理提供了一种可行的替代方案，由于操作温度较低，该过程的能源需求非常少。此外，在湿法过程中可以确保有效去除盐分，水浸去除可溶解杂质并增强第二步浸出操作。根据工艺产品的要求，可以选择浸出介质，合理利用浸出的残渣可以生产高附加值的产品。

2.2.2.3 火法回收氧化铝

碱性熔炼是将铝灰和强碱在一定温度下进行熔炼反应，反应产物经水（稀碱）浸出、沉淀、焙烧等工艺制备氧化铝的方法[54]。

低温碱性熔炼由苏联科学家 Сериковым 于 1948 年提出，是指以碱性熔盐为介质，在远低于传统火法冶金冶炼温度下冶炼金属资源，得到金属单质或盐的过程。李菲[55]采用低温碱性熔炼—浸出—晶种分解的工艺制备 α-Al_2O_3，以铝灰、NaOH、$NaNO_3$（Na_2O_2）以一定的比例混合熔炼，用去离子水在一定温度下浸出熔炼产物，浸出液经净化、晶种分解、煅烧等工艺获得 α-Al_2O_3。该方法以 $NaNO_3$ 为添加剂时铝浸出率为 92.71%，以 Na_2O_2 为添加剂时铝浸出率为 92.76%，明显高于酸性浸出法。低温碱性熔炼反应方程式如下：

$$4NaNO_3 = 2Na_2O + 2N_2 + 5O_2 \tag{2.16}$$

$$2Na_2O_2 = 2Na_2O + O_2 \tag{2.17}$$

$$10Al + 4NaOH + 6NaNO_3 = 10NaAlO_2 + 3N_2 + 2H_2O \tag{2.18}$$

$$2Al + 2NaOH + O_2 + Na_2O_2 = 2NaAlO_2 + Na_2O + H_2O \tag{2.19}$$

$$Al_2O_3 + 2NaOH = 2NaAlO_2 + H_2O \tag{2.20}$$

$$2AlN + 2NaOH + NaNO_3 + O_2 = 2NaAlO_2 + N_2 + NaNO_2 + H_2O \tag{2.21}$$

$$2AlN + 2NaOH + Na_2O_2 + O_2 = 2NaAlO_2 + N_2 + Na_2O + H_2O \tag{2.22}$$

雷炳宏等人[56]通过二次铝灰与硫酸铵混合焙烧形成易浸取的硫酸铝铵，以实现二次铝灰中铝资源的高效回收，结果表明，300~500 ℃区间进行焙烧，可以使二次铝灰中的金属铝及氧化物尽可能转变为硫酸铵盐。Tripathy 等人[57]采用苏打焙烧—稀碱浸出的实验路线获得了较大的氧化铝回收率，实验工艺见图 2.5。

结果表明，以 10% Na_2CO_3 和铝灰混合并在 800 ℃烧结 1 h，烧结熟料在 2% NaOH 溶液中浸出，所得氧化铝浸出率约为 90%。

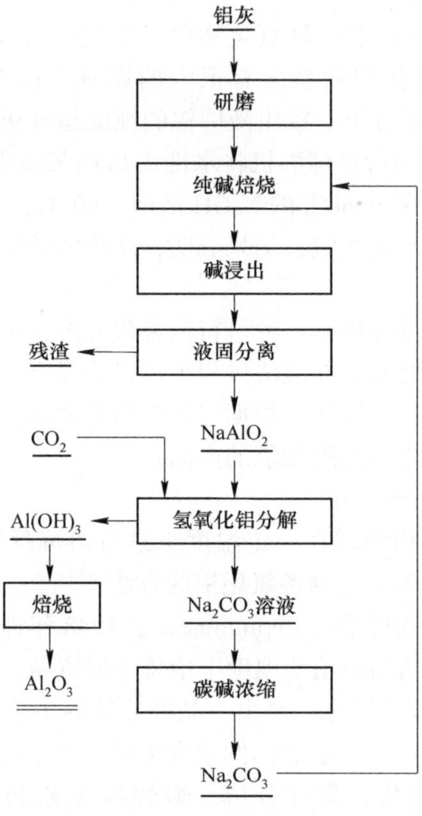

图 2.5　碱焙烧处理铝灰工艺流程

Guo 等人[58]研究了用熔融 NaOH 从铝灰中提取铝的动力学并合成 γ-Al_2O_3。该研究发现由于 O—H—Cl 键的形成，会导致熔盐黏度升高，最终导致了铝萃取率的下降；采用水洗无盐铝灰渣和 NaOH，以 1∶1 的比例在 923 K 下反应 90 min，使用光谱仪确定铝酸钠溶液中氧化铝的量，结果表明氢氧化钠溶剂回收氧化铝，可以用典型的内扩散反应模型解释其原理，其活化能约 17 kJ/mol。He 等人[59]也研究了氧化铝浸出过程中的动力学，该研究采用焙烧熟料为原料（1000 ℃，$n_{Na_2O}/n_{Al_2O_3}=1.4$），在不同浸出温度及时间下利用 ICP-OES 确定了铝的提取率。结果表明，内扩散反应模型更适合描述氧化铝烧结料在稀碱液中的溶解动力学，根据阿累尼乌斯公式，其活化能为 11.40 kJ/mol；该研究同样研究了硅浸出过程中的动力学，结果表明，硅的浸出过程动力学更适合用内扩散反应模型解释，其活化能为 2.06 kJ/mol。

随着二次铝灰被列为危险废物，国内大部分产灰企业都处于观望状态，特别是国家在政策上没有明确二次铝灰处置及资源化工艺，企业在投资方面都比较谨慎。但从实际情况分析，铝灰的产出却在不断增加，产灰企业压力越来越大，探索一套成熟可靠的工艺解决铝灰现状是迫在眉睫的问题。

回转窑工艺生产炼钢用预熔型铝酸钙是大规模解决二次铝灰的可行工艺，在二次铝灰未被列入危险废物时，国内已有企业回收二次铝灰生产铝酸钙，并被钢厂作为精炼剂、化渣剂大量使用在炼钢工序[60]。随着二次铝灰被列入危险废物，原先已有铝酸钙生产线的企业由于没有资质、企业规模较小、生产设备较为落后，在申请资质和扩大生产方面有较多不利因素。回转窑属于高能耗设备，现在若进行该类设备建设可能面临能耗准入政策限制。但是，从实际角度出发，该工艺很好地利用了二次铝灰中的主要成分，也解决了二次铝灰中氮化铝反应性问题，重金属进入转炉炼钢高温玻璃化，且铝酸钙产品有行业标准，在钢厂使用较为普遍，是现阶段最为成熟可靠的二次铝灰资源化工艺路线。按转炉炼钢用量计算，全国炼钢可以利用 400 万吨铝酸钙，对应可以资源化 240 万吨左右二次铝灰，解决全国现有二次铝灰约 70%。因此，在二次铝灰应用和处置方面，加快推进回转窑工艺，并积极沟通钢厂，是现阶段处置二次铝灰最佳途径之一。

2.3 未来技术发展趋势

铝灰是由金属铝、氧化铝、氮化铝、盐及其他组分构成的混合物，蕴藏丰富的资源[61-63]。铝灰被定义为危险废物后，传统的粗放式处理方式已不可行，随着环保税的实施，企业迫切需要经济、安全、环保的铝灰处理技术。当前，我国对铝灰的处理主要集中在金属铝的回收，与国外相比仍处于起步阶段，特别是对于二次铝灰，至今尚缺乏先进、成熟、高效的处理技术。鉴于当前我国铝工业区域性集中发展特征越来越鲜明，未来建立大型铝灰综合处理厂，将区域内铝灰集中处理，实现过去“低效、分散利用”向“高效、规模利用”转变，是行业发展的必经之路。现阶段铝灰处理成本较高，部分企业难以承受，因此，开发低成本处理无害化技术或高附加值资源化技术将是破解铝灰处置难题的关键策略。此外，加大铝灰处理工程装备的开发，提高铝灰处理产业化规模和技术水平，促进铝工业绿色健康发展，也是未来铝灰处理需要攻克的难关。

参 考 文 献

[1] 张小波．铝工业资源综合利用与保护技术的开发及应用［J］．世界有色金属，2023（3）：145-147.

[2] 康泽双，刘中凯，田野，等．国内铝工业全行业铝灰特性和利用处置技术研究进展［J］．有色金属（冶炼部分），2022（9）：28-35.

[3] 李万利，杨健壮．铝电解烟气余热利用技术的研究与应用现状［J］．山西冶金，2022，45（7）：80-81，198.
[4] 陈文露．铝工业典型危废与固废热解特性研究［D］．武汉：中国地质大学，2023.
[5] 蒋太波．铝灰综合利用技术及应用研究［J］．有色金属加工，2024，53（2）：65-70.
[6] 王冠平，孙琦，石伟，等．低成本铁系铝灰催化剂制备及催化臭氧性能［J］．中国给水排水，2024，40（11）：81-88.
[7] 陈韦霞．再生铝：铝工业绿色发展的重要角色［J］．中国有色金属，2024（9）：34-35.
[8] 陈学文，邝治全，王顺成，等．废铝的预处理与熔炼再生技术研究［J］．中国资源综合利用，2023，41（12）：144-146，150.
[9] 韩正英，曹樱．再生铝应用与发展前景分析［J］．有色金属加工，2023，52（3）：6-7，17.
[10] 王祝堂．向世界之巅勇毅前行的中国再生铝产业［J］．资源再生，2023（3）：12-14.
[11] 陈家清．一种危险废物铝灰无害化处置及资源化利用生产技术［J］．全面腐蚀控制，2024，38（4）：18-20.
[12] 李泽坤，李风亭．二次铝灰资源化利用研究进展［J］．净水技术，2023，42（8）：38-47.
[13] 张林，刘向东．一种铝灰的无害化处理工艺［J］．辽宁化工，2023，52（8）：1149-1152.
[14] 张晓霞，段毅，苏俊．铝灰的研究现状及进展分析［J］．云南冶金，2023，52（3）：63-67.
[15] 亢志伟．浮选法处理铝灰的实验研究［D］．沈阳：辽宁大学，2023.
[16] 王之．铝灰处理及资源化利用技术的发展现状［J］．生物化工，2023，9（3）：186-189，208.
[17] 王宝庆，王丹，廖耀华，等．铝灰回收工艺研究进展［J］．河南化工，2015，32（3）：12-15.
[18] 刘海涛．铝灰综合利用技术现状［J］．云南冶金，2003（2）：40-41，14.
[19] CAO Y X，WANG Z Q，WANG J J，et al. Multi-stage electrostatic separation for recovering of aluminum from fine granules of black dross［J］. Journal Wuhan University of Technology，2019，34（4）：925-931.
[20] MAH K，TOGURI J M，SMITH H W. Electrostatic separation of aluminum from dross［J］. Conservation & Recycling，1986，9（4）：325-334.
[21] HWANG J Y，HUANG X，XU Z. Recovery of metals from aluminum dross and saltcake［J］. Journal of Minerals and Materials Characterization and Engineering，2006，5（1）：47-62.
[22] HIRAKI T，NAGASAKA T. An easier upgrading process of aluminum dross residue by screening technique［J］. Journal of Material Cycles and Waste Management，2015，17（3）：566-573.
[23] 魏杰．铝灰资源化利用的基础研究［D］．昆明：昆明理工大学，2022.
[24] 魏杰，刘战伟，颜恒维，等．铝灰的回收利用和无害化处理研究及应用进展［J］．硅酸盐通报，2022，41（7）：2308-2320.
[25] WANG J H，ZHONG Y Q，TONG Y，et al. Removal of AlN from secondary aluminum dross by pyrometallurgical treatment［J］. Journal of Central South University，2021，28（2）：386-397.

[26] LI S, LIU W C, LIU Z K, et al. Experimental study on oxidizing roasting process of black dross [J]. Transactions of the Indian Institute of Metals, 2019, 72 (9): 2293-2298.

[27] 李松元, 李志扬, 吕帅帅, 等. 钙化焙烧法脱除二次铝灰中氮的试验研究 [J]. 有色金属工程, 2021, 11 (4): 63-69.

[28] 李艳鸽, 陈喜平, 马明成. 铝灰脱氮的实验研究 [J]. 轻金属, 2021 (7): 22-27.

[29] KOCJAN A, KRNEL K, KOSMA T. The influence of temperature and time on the AlN powder hydrolysis reaction products [J]. Journal of the European Ceramic Society, 2008, 28 (5): 1003-1008.

[30] 唐铃虹. 铝灰渣中氮化铝在焙烧与水解过程中转化的研究 [D]. 沈阳: 东北大学, 2015.

[31] FUKUMOTO S, HOOKABE T, TSUBAKINO H. Hydrolysis behavior of aluminum nitride in various solutions [J]. Journal of Materials Science, 2000, 35 (11): 2743-2748.

[32] 倪红军, 唐伟佳, 汪兴兴, 等. 铝灰渣除氮方法: 中国, 108671462A [P]. 2018-10-19.

[33] HAZAR A B Y, SARIDEDE M N, ÇIĞDEM M. A study on the structural analysis of aluminium drosses and processing of industrial aluminium salty slags [J]. Scandinavian Journal of Metallurgy, 2005, 34 (3): 213-219.

[34] KANG Y, IM B, KMIN D G, et al. A Study of recycling process to recovery valuable resources from aluminum black dross [J]. Resources Recycling, 2018, 27 (5): 61-68.

[35] 崔维, 易武平, 蔡安. 超声波强化浸出铝灰中氯的机理 [J]. 过程工程学报, 2017, 17 (4): 757-762.

[36] 刘风琴, 李爱杰, 李荣斌, 等. 铝电解质钙化焙烧多元素回收利用研究 [J]. 有色金属(冶炼部分), 2021 (2): 67-71, 122.

[37] 王宇栋, 戴永年, 杨斌, 等. 真空冶金法分离铝灰中的氟、氯和氮化合物: 中国, 104988313A [P]. 2015-10-21.

[38] 鲍善词, 李素芹, 张昌泉, 等. 二次铝灰中氟、氯的浸出与回收分析 [J]. 中国冶金, 2018, 28 (10): 24-28.

[39] WAN B B, LI W F, SUN W T, et al. Synthesis of cryolite (Na_3AlF_6) from Secondary aluminum dross generated in the aluminum recycling process [J]. Materials, 2020, 13 (17): 3871.

[40] GAO Q, GUO Q, LI Y, et al. Innovative technology for defluorination of secondary aluminum dross by alkali leaching [J]. Minerals Engineering, 2021, 172: 107134.

[41] 王宝庆. 酸浸取铝灰制备高纯氧化铝工艺研究 [D]. 郑州: 郑州大学, 2016.

[42] 侯蕊红. 铝及铝合金熔渣的酸浸与高温煅烧研究 [D]. 太原: 太原理工大学, 2016.

[43] DASH B, DAS B R, TRIPATHY B C, et al. Acid dissolution of alumina from waste aluminium dross [J]. Hydrometallurgy, 2008, 92 (1/2): 48-53.

[44] YANG Q, LI Q, ZHANG G F, et al. Investigation of leaching kinetics of aluminum extraction from secondary aluminum dross with use of hydrochloric acid [J]. Hydrometallurgy, 2019, 187: 158-167.

[45] HOW L F, IALAM A, JAAFAR M S, et al. Extraction and characterization of γ-alumina from

waste aluminium dross [J]. Waste and Biomass Valorization, 2017, 8 (2): 321-327.
[46] DAVID E, KOPAC J. Aluminum recovery as a product with high added value using aluminum hazardous waste [J]. Journal of Hazardous Materials, 2013, 261: 316-324.
[47] MAHINROOSTA M, ALLAHVERDI A. Enhanced alumina recovery from secondary aluminum dross for high purity nanostructured γ-alumina powder production: Kinetic study [J]. Journal of Environmental Management, 2018, 212: 278-291.
[48] MAHINROOSTA M, ALLAHVERDI A. A promising green process for synthesis of high purity activated-alumina nanopowder from secondary aluminum dross [J]. Journal of Cleaner Production, 2018, 179: 93-102.
[49] SARKER M S, ALAM Z, QADIR R, et al. Extraction and characterization of alumina nanopowders from aluminum dross by acid dissolution process [J]. International Journal of Minerals, Metallurgy, and Materials, 2015, 4: 429-436.
[50] JAFARI N H, STARK T D, ROPER R. Classification and reactivity of secondary aluminum production waste [J]. Journal of Hazardous, Toxic, and Radioactive Waste, 2014, 18 (4): 1.
[51] 李玲玲，宋明，靳强．二次铝灰中氧化铝碱溶研究 [J]. 无机盐工业，2019，51 (1): 53-57.
[52] TURK M, ALTINER M, TOP S, et al. Production of alpha-alumina from black aluminum dross using naoh leaching followed by calcination [J]. JOM, 2020, 72 (10): 3358-3366.
[53] NGUYEN T, MAN S L. Improvement of alumina dissolution from the mechanically activated dross using ultrasound-assisted leaching [J]. Journal of the Korean Institute of Metals and Materials, 2019, 57 (3): 154-161.
[54] WEI J, LIU Z W, YAN H W, et al. Study on separation of N, F and Al from hazardous aluminum dross by alkaline roasting [J]. Journal of Material Cycles and Waste Management, 2023, 25 (4): 2485-2497.
[55] 李菲．二次铝灰低温碱性熔炼研究 [D]. 长沙：中南大学，2011.
[56] 雷炳宏，刘宏辉，张红玲，等．二次铝灰硫酸铵焙烧提铝过程机理 [J]. 中国有色金属学报，2022，32 (5): 1418-1429.
[57] TRIPATHY A K, MAHALIK S, SARANGI C K, et al. A pyro-hydrometallurgical process for the recovery of alumina from waste aluminium dross [J]. Minerals Engineering, 2019, 137: 181-186.
[58] GUO H W, WANG J, ZHANG X X, et al. Study on the extraction of aluminum from aluminum dross using alkali roasting and subsequent synthesis of mesoporous γ-alumina [J]. Metallurgical and Materials Transactions B, 2018, 49 (5): 2906-2916.
[59] HE L Q, SHI L, HUANG Q Z, et al. Extraction of alumina from aluminum dross by a non-hazardous alkaline sintering process: dissolution kinetics of alumina and silica from calcined materials [J]. Science of the Total Environment, 2021, 777: 146123.
[60] 乔晨阳，陈喜平，虎兴茂．二次铝灰脱氮制备铝酸钙的实验研究 [J]. 轻金属，2024 (5): 9-15, 46.

[61] 崔梦倩，杜婷婷，刘建军，等．铝工业含氟溶液实验研究［J］．世界有色金属，2022（21）：196-198.

[62] 刘颖，张俊杰，沈汉林，等．二次铝灰资源化研究进展［J］．稀有金属，2024，48（2）：277-287.

[63] 杨颜啸，苏美兰，陈武华．铝灰的综合处理及资源化利用［J］．广东化工，2023，50（8）：75-77，30.

3 铝灰反应性研究

湿法处理是目前最常见、使用最广泛的铝灰无害化、工业化处理工艺，利用铝灰中 Al_4C_3、AlN、Al 等活性物质均可与溶剂反应、氟化物溶出，实现铝灰的无害化[1]。该处理方法具有操作简单、能耗较低等优点，备受研究者青睐，本章重点研究铝灰湿法过程中是否存在危险性，对过程中产生气体的具体成分及相对含量研究，明确湿法处理过程中活性物质的转化行为，以减量化、无害化为目的，探索最佳湿法处理工艺，并探究湿法处理过程中铝灰组分的转化行为、气体组成和相对含量。

二次铝灰中 AlN 在潮湿的环境下易产生具有刺激性气味的氨气，以及溶解在水中或酸碱溶液中易导致氨氮团聚现象是铝灰被列为危险固体废弃物的主要原因之一。AlN 有较高的反应活性，治理的办法是创造条件将它尽快反应掉，过程称为“脱氮”。

二次铝灰中可溶出氟化物的浸出是铝灰被列为危险固体废弃物的另一主要原因。治理的办法是将可溶出氟化物转变成不可溶出的氟化物，过程称为“固氟”。铝灰无害化的关键字呼之欲出，这便是“脱氮固氟”。铝灰渣直接水解法是低成本、无害化处理方法之一，是众多铝灰渣高值化利用的基础和前提。

本章主要围绕铝灰反应性质进行研究，其中主要以铝灰与水、碱、酸及煅烧加热等反应机理研究为主。

3.1 铝灰与水的反应行为

铝灰中含有金属铝、氮化铝、碳化铝，也含有氯化钠、氯化钾、氟化钠等盐类，将铝灰与水反应，溶液浆液将随着时间增加、温度升高反应逐步剧烈直至反应完成，这主要是铝灰中的金属铝、氮化铝、碳化铝发生放热反应，并放出气体所致。

3.1.1 铝灰水解浸出原理

3.1.1.1 金属铝、氮化铝及碳化铝的水解反应原理

铝灰中的金属铝、氮化铝和碳化铝在水中将发生化学反应，反应后可产生大量有毒有害的危险气体，这些危险气体后续需要妥善处理反应原理如下：

$$AlN + 3H_2O = Al(OH)_3 + NH_3 \tag{3.1}$$

$$2Al + 6H_2O = 2Al(OH)_3 + 3H_2 \tag{3.2}$$

$$Al_4C_3 + 12H_2O = 4Al(OH)_3 + 3CH_4 \tag{3.3}$$

3.1.1.2 水解氟化物的脱除原理

石灰沉淀法是一种很有效的除氟方法，简单、便宜、效果显著。利用石灰中的钙离子与氟离子生成 CaF_2 沉淀而除去氟离子：

$$CaO + H_2O = Ca(OH)_2 = Ca^{2+} + 2OH^- \tag{3.4}$$

$$Ca^{2+} + 2F^- = CaF_2 \tag{3.5}$$

除去 1 mg 氟理论上约需要消耗氧化钙的量为 1.47 mg，实际处理过程中，石灰投加量往往需要过量 50%以上。

也可以在物料浆液内投加混凝絮凝剂，投加混凝剂使水中的氟离子与阳离子形成络合物沉淀。这两种方法可以处理高氟废水，设备简单，操作容易，但都会产生沉淀废渣，增加后续处理难度。

3.1.1.3 氯化物的脱除

众所周知，氯化钠和氯化钾都是可以溶于水的，得到的含氯废水蒸发结晶可得复合盐产品，所以铝灰与水反应时，可溶性盐全部溶解进入水中，但是在实际生产中，因为各种铝灰中氯的存在形式不一，部分氯被层层包裹，当水解过程中包裹物无法释放时，最终氯化物的溶解达不到理论值，反而远远低于理论值。图 3.1 为 KCl 和 NaCl 溶解度（100 g 水中）随温度变化的曲线。

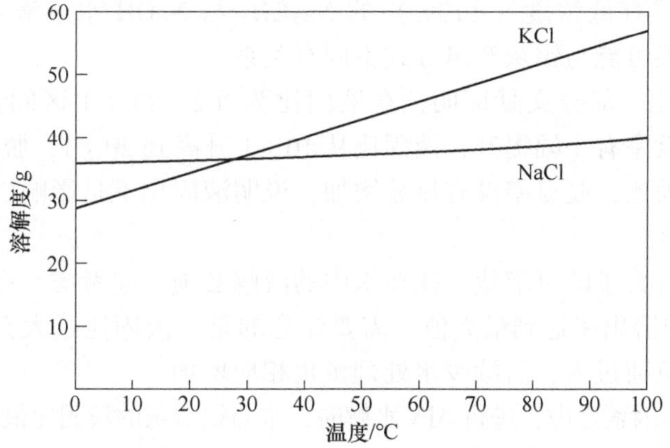

图 3.1 KCl 和 NaCl 溶解度随温度变化的曲线

3.1.2 铝灰水解时 AlN 反应行为

根据相关文献中的大量试验数据总结各工艺条件对脱氮率的影响。

（1）温度和时间。反应温度越高，时间越长，脱氮效果肯定越好（见图 3.2）。文献试验表明，AlN 的水解反应在常温下进行很慢，随温度升高反应速度加快。在 100 ℃的反应温度下，初始含量 27.68%的 AlN，1 h 后急剧下降到 5%（虚线箭头），8 h 后含量为 0.92%（实线箭头），之后变化缓慢。

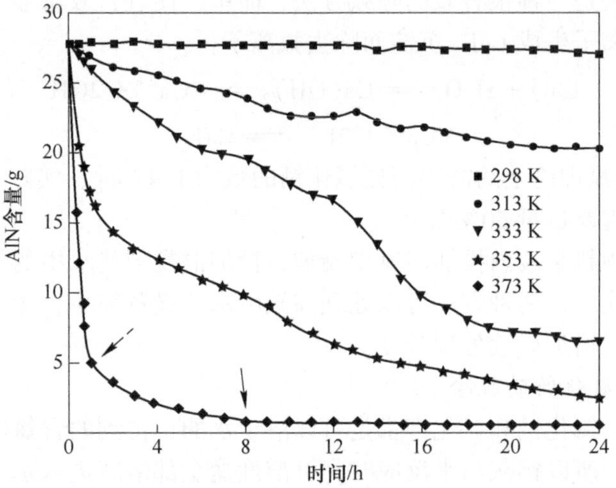

图 3.2　时间对水解的影响

但有文献研究，试验的水解脱氮率非常不乐观，试验表明 100 ℃下的脱氮率也仅为 37%，只有低浓度（<10%）的 Na_2CO_3 与 NaOH 水溶液才能有效脱氮。以上不同结论很可能与铝灰产出方式不同有关系。

（2）液固比。部分文献证明，在液固比为（2～8）∶1 区间，液固比提高，二次铝灰渣脱氮率有小幅提升；液固比从 10∶1 升高到 20∶1，脱氮率升高较小；进一步提高液固比，脱氮率没有显著增加。说明液固比不是影响二次铝灰渣水解脱氮的主要因素。

铝灰中含有大量的可溶盐，盐在水中的溶解必须一起考虑，在液固质量比为 10∶1 时，盐的溶出率达到最大值。需要注意的是，液固比过大会导致浸出和固液分离设备的负荷过大，后续废水处理量也相应增加。

综合各方面因素考虑，进行 AlN 水解时，水与铝渣灰的液固比最好不小于 5∶1。

（3）物料粒度。文献试验表明，物料粒度没有明显影响，原因是铝灰中的 AlN 大多集中在小粒度物料中，而研磨只是磨细了铝灰中的其他大粒度物质（主要含氧化铝）。

（4）搅拌速度。搅拌有利于铝灰颗粒悬浮于液体中，也有利于反应物质的混合，从而加快化学反应和传质过程的进行，在 100～400 r/min 的转速区间内，搅拌速度的差异对实验效果无显著影响，只需确保搅拌操作正常进行即可。

3.1.3 铝灰水解时氟、氯的反应行为

铝灰中的氟主要以氟化钠、氟化钙等盐存在，氯主要以氯化钠、氯化钾盐存在[2]。各工艺条件对氟、氯浸出的影响如下：

（1）温度。尽管随着温度递增，氟、氯的浸出率也在上升，但变化不大。前面提到，AlN 的水解必须高温，此条件同样有利于氟、氯的浸出。

（2）时间。浸出时间在很大程度上影响氟、氯元素的浸出效果（见图 3.3），得出更合适的浸出时间对于提高生产效率有重要意义。

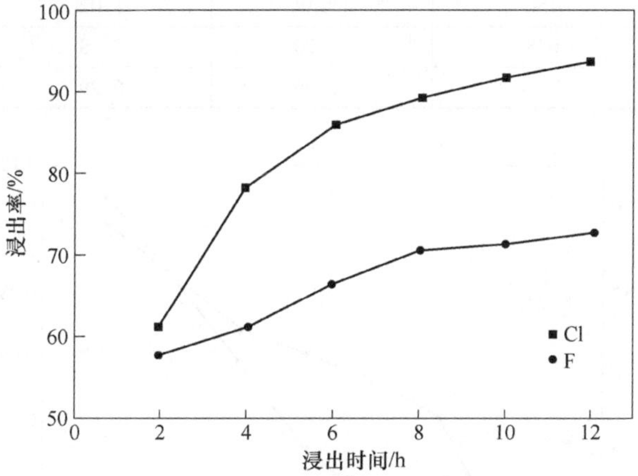

图 3.3 浸出时间对氟和氯浸出效果的影响

从图 3.3 中可以看出，随着浸出时间的延长，氟、氯元素浸出率升高，当浸出时间在 4 h 以内时，氟、氯元素浸出率上升幅度较大；在 8 h 以后，氟、氯元素浸出率的上升趋势均较为缓慢，变化不大。因此，为浸出氟和氯，铝灰自然浸出时间最少需要 4 h，8 h 更好。

（3）液固比。随着反应溶液液固比的增加，氟、氯元素浸出率均随之增加，在液固质量比 10∶1 左右时达到最大值，此时氟、氯元素浸出率分别达到了 80.3%和 96.8%。

（4）pH 值。水浸会产生氨水，逐渐提高 pH 值。试验表明，pH 值越低，浸出率越高，但总体影响不大。因此，在实际操作中无需调节溶液 pH 值。

铝灰水解的最佳工艺条件是：温度 100 ℃，时间不少于 4 h，水与铝渣灰的液固比最好不小于 5∶1，要带搅拌，无需刻意控制物料粒度和 pH 值。

3.1.4 铝灰水解影响因素

3.1.4.1 铝灰加入量

铝灰与水发生反应过程中，有氨气、氢气、甲烷产出，并带有一定量水蒸

气，其反应效率和产出量与铝灰加入量有一定关系，常温 28 ℃，铝灰与水反应 1 h 后，结果见表 3. 1 和图 3. 4。

表 3. 1　铝灰量对气体释放量的影响

铝灰/g · L^{-1}	氢气产生量/mL	Al 浸出率/%	NH_3 产生量/mg	AlN 浸出率/%
40	0	0	0	0
100	0	0	0	0
200	150	7. 35	0. 17	0. 01
300	295	9. 64	0. 34	0. 014
400	456	11. 17	1. 02	0. 03
500	648	12. 70	2. 38	0. 06
700	1354	18. 96	6. 29	0. 11

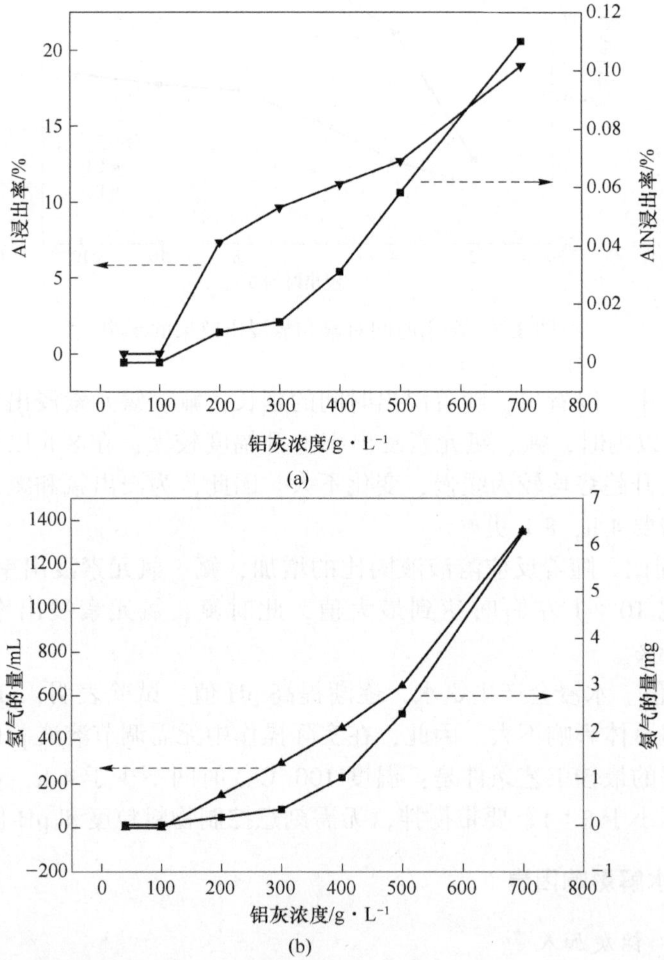

图 3. 4　铝灰加入量对 Al 和 AlN 浸出率的影响(a)和对氢气和氨气产生量的影响(b)

由表 3.1 和图 3.4 结果可知，铝灰的含量小于 200 g/L 时，铝灰与水混和后基本不反应或反应极慢。而超过 200 g/L 时，随着铝灰加入量升高，铝的浸出率和氮化铝的浸出率也随之升高。氢气和氨气产生量也随铝灰加入量升高而增加，相比较而言，氢气产生的体积数要远大于氨气的体积数，这主要是由氢气的相对分子质量小所致。图 3.4 中结果还表明，铝灰加入量越大，产生氢气和氨气的反应越剧烈，不容易进行生产控制。结合上述结果，为保证生产平稳，生产中添加铝灰时仍需少量多次。

在实验中也发现，当铝灰加入量少时，反应不明显，反应体系的温度几乎不变。在铝灰加入量超过 200 g/L 时，已有明显反应，反应后温度也从 28 ℃升至 30~35 ℃；而当铝灰加入量达到 700 g/L 时，反应温度已超过 90 ℃。这说明铝灰与水反应会放大量的热。这些热量也会在动力学上加速反应进行，从而产生动力学协同（高固含、高温），导致铝灰与水的反应难控制。这可能是生产现场很难控制反应的主要原因。

3.1.4.2 铝灰加入顺序

为进一步考察铝灰和水反应对体系温度的影响，70 g 铝灰分 10 次加入 100 mL 的去离子水中（700 g/L）。每隔 6 min 加入 7 g 铝灰，反应 1 h，氢气量和温度变化结果见图 3.5。

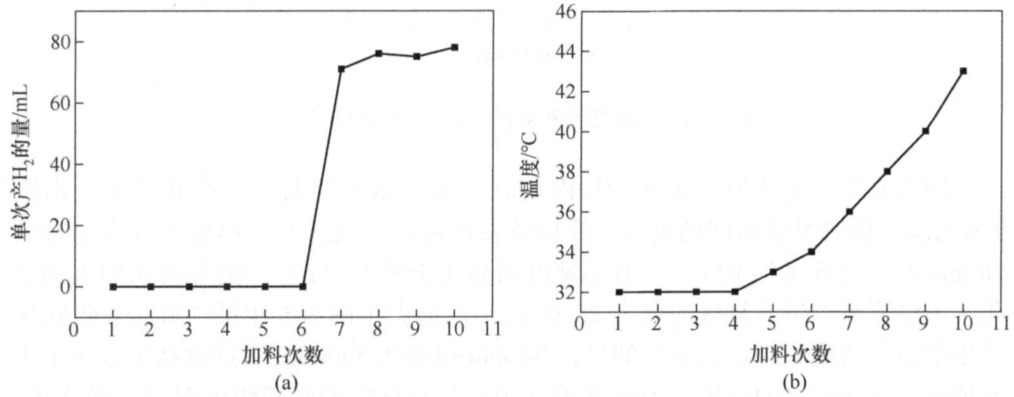

图 3.5 H_2 的量(a)及温度(b)和加料次数的关系

由图 3.5 可知，在加料第六次（420 g/L）以前没收集到氢气，一方面是氢气量少，另一方面反应极慢，氢气量少，氢气先要充满反应瓶及 3 个吸收瓶的空间。但是，在加料第七次以后，单次产生的氢气量在 70~80 mL。在 1 h 内，产生总氢气的量约为 300 mL。这相比图 3.4 中 700 g/L 的铝灰一次性加入所产生的氢气的量（1354 mL）少得多。由于测量氨气的时候需要开盖取样吸收液，在此条件下不具操作性，因此没连续测氨气的产生量，最终的氨气的量为 0.39 mg。

由图 3.5 还可发现，温度随着加料次数的增加而缓慢上升，在加料第四次(280 g/L) 以后，温度出现明显升高的现象，再次出现动力学协同现象。结合图 3.5(a)，说明反应发生在第四次加料后，管收集的氢气量有一点点误差，但还是比一次性加入铝灰所产生的氢气的量少。进一步说明加入铝灰时，少量多次是稳定反应的关键。

3.1.4.3　加入浓度

区别于分批次加入铝灰，一次性高固含加入大量铝灰，测定氢气量和体系温度的变化情况，结果见图 3.6。

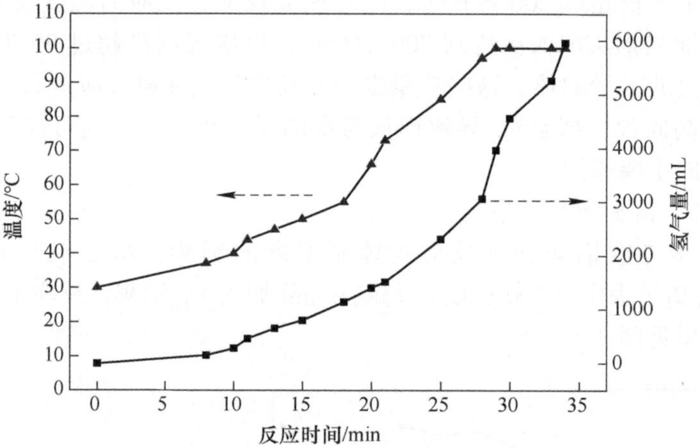

图 3.6　高浓度铝灰对产生氢气和温度的影响

图 3.6 是一次性加入 800 g/L 铝灰时，氢气体积和温度的变化结果。由图 3.6 可知，随着反应时间的延长，反应体系的温度快速升高。温度在反应进行到 28 min 左右时升高到 100 ℃，升温速度明显快于图 3.5(b) 中的分批次加入的结果。最终检测产生的氨气的量为 28.9 mg，也远大于图 3.5 中的 700 g/L 铝灰所产生的氨气的量。产生的氢气的量在 34 min 也高达 5960 mL，这也高于表 3.1 中其他低浓度的铝灰的结果。说明高固含的铝灰对反应的剧烈程度起着关键作用。主要原因是：(1) 反应物浓度高有利于反应的快速进行；(2) 高温下有利于反应速度增大。这再次证明高固含铝灰、高温的动力学协同。

3.1.4.4　水解速度控制方法

为在现有条件下抑制铝灰与水的反应，拟在铝灰表面生成一层膜，抑制反应的进行。基于碱性条件下水合铝酸钙是沉淀，以及稀过饱和铝酸钠溶液极易析出氢氧化铝的实验结果，分别在稀石灰乳中或稀过饱和铝酸钠溶液中探索铝灰与水的反应。

基于如下反应：

$$3Ca(OH)_2 + 2Al(OH)_4^- = 3CaO \cdot Al_2O_3 \cdot 6H_2O + 2OH^- \quad (3.6)$$

常温 28 ℃，反应时间 1 h 条件下，石灰乳对铝灰反应的结果见表 3.2。

表 3.2 不同浓度石灰水和铝灰反应的结果

石灰水/g · L^{-1}	氢气产生量/mL	Al 浸出率/%	NH_3 产生量/mg	AlN 浸出率/%
0	295	9.64	0.34	0.014
0.5	560	18.29	1.87	0.076
5	1830	59.78	20.4	0.832

表 3.2 是 300 g/L 的铝灰与不同浓度的石灰水反应 1 h 的结果。由表 3.2 可知，石灰水对铝灰的浸出具有促进作用，并不能抑制铝灰的反应。主要原因是溶液中存在 OH^-，导致溶液碱性增强，促进了铝灰的反应。这与水中反应可生成一层氢氧化铝膜包裹铝灰的反应不同。图 3.7 是常温 28 ℃，反应时间 1 h，不同浓度石灰水对 300 g/L 铝灰的浸出作用图。结合图 3.7 可知，在 0.5 g/L 石灰水时，反应在 40 min 停止。而在 5 g/L 石灰水时，在 30 min 左右已反应完全。说明石灰水可以加快铝灰与水的反应。

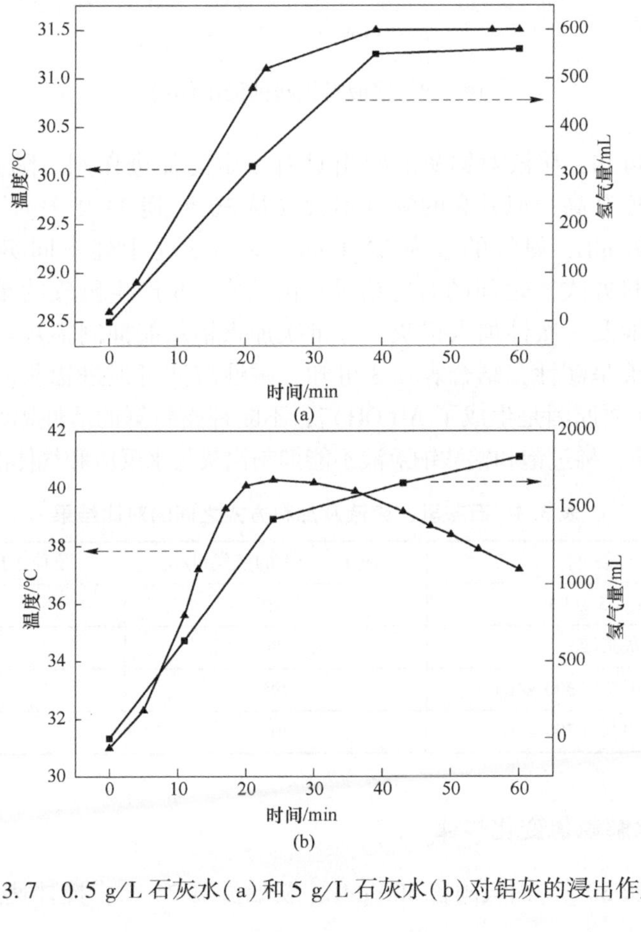

图 3.7 0.5 g/L 石灰水(a)和 5 g/L 石灰水(b)对铝灰的浸出作用

为了研究稀浆液能否抑制气体的产生，以供稀浆液能否循环使用提供参考。取 100 mL 的 700 g/L 铝灰和水反应后的浆液与 300 g/L 铝灰在起始温度为 30 ℃（室温）时反应 1 h，浆液对铝灰的浸出作用见图 3. 8。

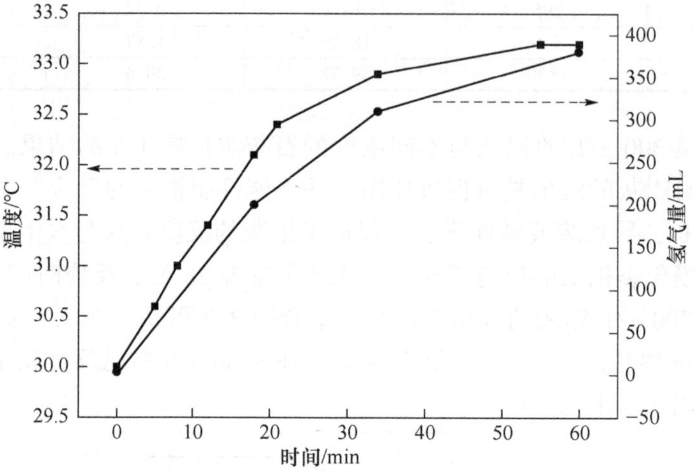

图 3. 8　浆液对铝灰的浸出作用

由图 3. 8 可知，浆液对铝灰的浸出具有一定的促进作用。随着反应的进行，反应体系的温度升高，但升高的幅度不大（从 30 ℃到 33. 2 ℃）。最终测得产生氢气的量为 380 mL，氨气的量为 22. 1 mg。表 3. 3 是上述不同实验条件（石灰乳、浆液及加料方式）之间的对比结果。由反应 1 h 产生氢气的量可知，相对于加石灰乳、浆液及一次性加入铝灰，分批次加入铝灰能抑制铝灰与水的反应。浆液中铝酸钠溶液呈碱性，结合表 3. 3 可知，碱性溶液可促进铝灰的浸出，加速了反应的进行，主要原因是生成了 $Al(OH)_4^-$，不断裸露新鲜的活性铝组分，促进了反应。相比水溶液，稀过饱和铝酸钠溶液不能抑制铝灰与水反应和气体的产生。

表 3. 3　石灰乳、浆液及加料方式之间的对比结果

反 应 条 件	反应 1 h 产生的氢气量/mL	反应 1 h 后的温度/℃
石灰乳（5 g/L）	1830	37. 1
铝灰浆液	380	33. 2
一次性加入铝灰（300 g/L）	295	30. 3
分批次加入铝灰（700 g/L）	300	43. 2

3. 1. 5　铝灰水解氟氯变化规律

本节以铝灰 30 g，铝灰固含 300 g/L，初始温度 25 ℃，搅拌速度 500 r/min 为实验条件。图 3.9 为反应时间对铝灰中氟离子去除率和滤液中氟离子浓度的影响。

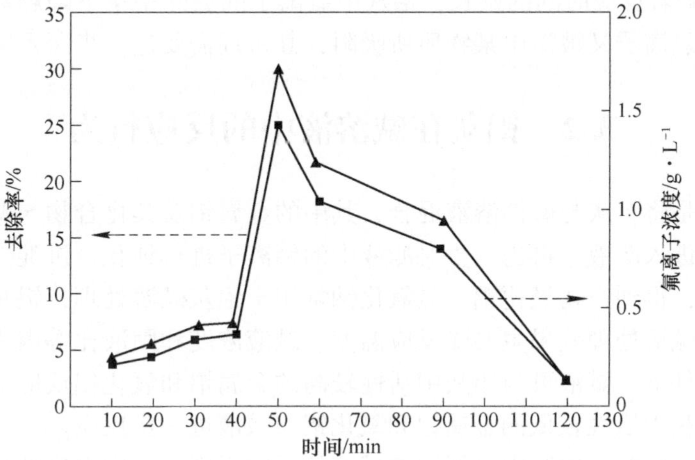

图 3.9 反应时间对铝灰中氟离子去除率和滤液中氟离子浓度的影响

由图 3.9 可知，随着反应时间的延长，铝灰中氟离子的去除率先增大后减小，这可能是在反应 50 min 之前，铝灰中可溶性氟盐（如氟化钠等）逐渐溶解进入溶液，而在反应 50 min 之后，溶液中的氟离子和溶解出来的钙离子结合生成氟化钙沉淀导致溶液中的氟离子浓度减小以致铝灰中氟的去除率降低或氟和氯被反应生成的氢氧化铝包裹。在反应 50 min 时，氟离子的最大去除率为 29.6%，这可能是除了反应时间因素之外，其他的工艺条件（如初始温度、固含等）对铝灰中氟的去除率影响更大。

图 3.10 为反应时间对铝灰中氯离子去除率和滤液中氯离子浓度的影响。

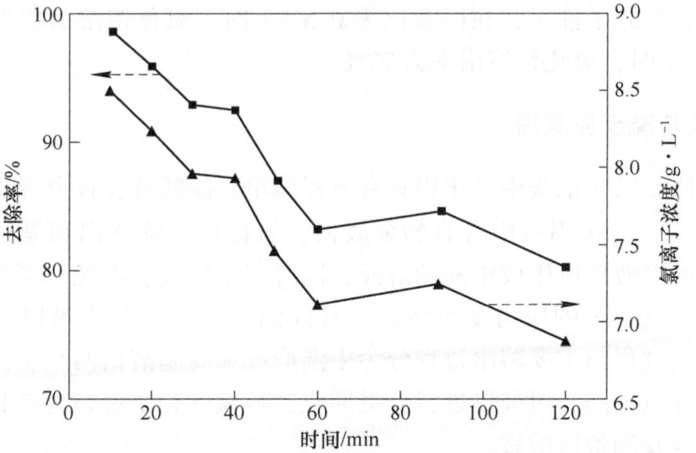

图 3.10 反应时间对铝灰中氯离子去除率和滤液中氯离子浓度的影响

由图 3.10 可知，当反应时间为 10 min 时，铝灰中氯离子的最高去除率为 98.9%。但随着反应时间的延长，铝灰中氯离子的去除率呈下降趋势，这可能是溶解出来的氯离子又被渣中某物质所吸附，其机理需要进一步深入探究。

3.2　铝灰在碱溶液中的反应行为

碱溶法是将铝灰与碱性溶液混合，其中的金属铝及其化合物与碱发生化学反应，铝离子进入溶液，再进一步对滤液中的铝离子进行纯化、沉淀、过滤和煅烧等工艺处理，得到产物氧化铝。氢氧化钠常用于铝灰碱溶处理，铝灰中金属铝及其化合物的碱溶处理效果主要受反应温度、碱液浓度和固液比等因素影响。在常温或低温条件下，碱液可与铝灰中活性较高的金属铝和氧化铝反应，高温高压条件可促进铝灰中活性较低的金属铝和氧化铝与碱液进一步反应。

研究结果表明，铝灰中金属铝与碱液的反应程度受反应温度的影响，且反应温度存在最大临界值。在固定铝灰与碱液的固液比和碱液浓度的条件下，控制反应温度在 160~260 ℃范围内测定铝灰中金属铝与碱液的反应程度，随着反应温度由 160 ℃增加到 240 ℃，铝灰中的金属铝溶出率不断升高，当反应温度升到 260 ℃时，铝灰中金属铝溶出率没有增加。

在固液比、反应温度和反应时间相同的条件下，以碱液浓度为变量对铝灰进行碱溶处理。实验结果表明，当氢氧化钠浓度由 220 g/L 升高到 260 g/L 时，铝灰中金属铝的溶出率由 31%上升到 53%，增加碱液浓度对提高铝灰中金属铝的溶出率效果明显。

研究结果表明，适当减小固液比可以促进碱液对铝灰中氧化铝的溶出，减少滤渣中氧化铝的残余量。在反应温度为 180 ℃、反应时间为 100 min 和氢氧化钠浓度为 200 g/L 的条件下，在固液比为 0.5∶1 时，氧化铝溶出率为 44%；在固液比为 0.2∶1 时，氧化铝溶出率为 77%。

3.2.1　铝灰与碱反应原理

碱溶法回收二次铝灰中氧化铝具有流程简单、能耗低、投资成本低和产品质量佳等优点[3]。二次铝灰中含有的金属铝、氧化铝、碳化铝和氮化铝等物质均能与氢氧化钠溶液反应生成铝酸钠溶液，同时产生氢气、甲烷和氨气等气体。过量气体产生对反应釜的压力要求较高，且高温高压反应釜内难以对气体进行回收，故将产气过程与主要溶出过程分为中温产气和高温溶出两个阶段。根据产生气体的燃烧性质不同，对气体进行分类回收，将氢气和甲烷归为燃料类，氨气以稀硫酸溶液吸收制备硫酸铵。

用循环母液（主要成分为氢氧化钠和氧化铝）与铝灰反应，研究分析相关反应性及其行为。采用工业氢氧化铝和氢氧化钠配制铝酸钠溶液（见表 3.4），模拟生料浆配制过程中组分停留时间，铝灰为 2 号铝灰，分析试剂均为分析纯试剂。

表 3.4　实验用铝酸钠溶液铝碱含量　(g/L)

溶　液	Na_2O_K	Al_2O_3	α_K
实验用铝酸钠	224.90	127.03	2.91
1 号工厂液	249.04	135.56	3.02
2 号工厂液	233.79	134.77	2.85

表 3.4 中的结果表明，合成溶液与工厂溶液在组成上近似。

实验装置见图 3.11。浸出实验采用电磁加热器为加热装置，采用平底烧瓶为反应器，通过内置磁转子进行搅拌；反应过程中所产生的氨气采用三级稀硫酸（0.1 mol/L）进行吸收，剩余气体主要为氢气，采用排水法收集，并测量其体积，再反算金属铝（含硅）含量。

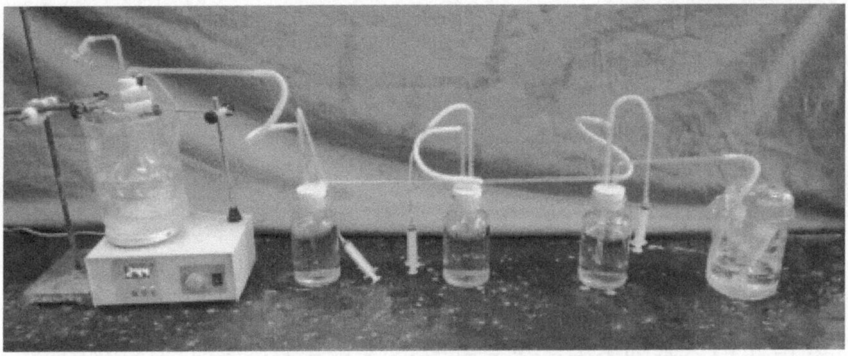

图 3.11　铝灰浸出反应

基于循环母液温度 60~90 ℃，且铝灰中氧化铝含量高和两组分配料要求，可知生料浆中固含不会高，因此，生料浆配制温度也控制在 60~90 ℃。

在预备实验中发现，铝灰与水反应十分微弱，而在铝酸钠溶液或氢氧化钠溶液中反应剧烈。本小节要研究铝灰与铝酸钠溶液和氢氧化钠溶液中的反应规律。

集气瓶中的注射器用于取样，圆底烧瓶上的注射器用于吹气，研究氨吸收铝灰量对氟、氯、氮反应行为的影响，控制生料配制温度为 60~90 ℃，对不同铝灰给料量进行停留时间实验，其结果见表 3.5。由表 3.5 结果可知，在停留时间为 1 h 时，铝溶出率随给料量的增加而呈降低趋势，但整体变化不大。氯在溶出过程中完全溶出，而在过滤后的溶液中并未检测到氟。同时，在实验中发现，铝灰与溶液接触后反应剧烈且迅速，反应在 5 min 左右基本反应完全，之后只有微量气泡产生。通过控制反应的给料量（见图 3.12），可控制反应的剧烈程度。实验中发现，当一次给料量控制在 30 g/L 以下时，经过吸收瓶的气泡速度及大小适中，有利于对其中氨的吸收；当一次给料量达到 50 g/L 时，由于物料和铝酸钠溶液反应剧烈，气泡生成速率快，会造成冒槽，且不利于后续氨的吸收，见图 3.12。

表 3.5　不同给料量下各元素的溶出结果

给料量/g · L^{-1}	铝溶出率/%	氯溶出率/%	氟溶出率/%	氨吸收量/mg	氢气量/mL
10	34.92	100	0	1.25	70
30	32.88	100	0	2.55	230
50	32.21	100	0	7.5	400

注：停留时间 1 h，反应温度 60 ℃。

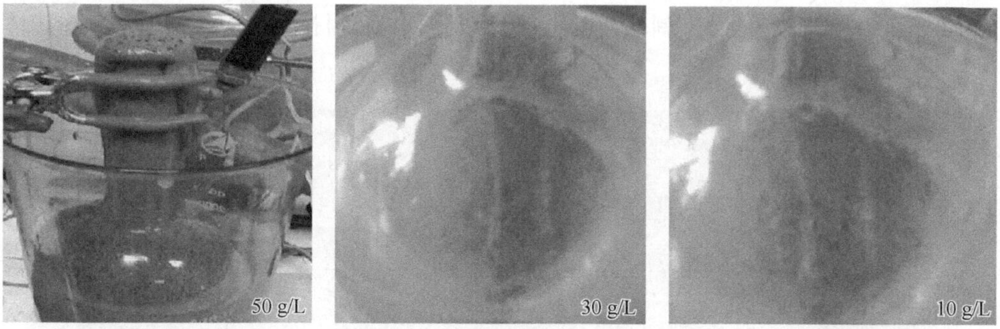

图 3.12　铝灰不同给料量时的反应现象

图 3.12 中的实验现象是：50 g/L 时，气泡量多，短时间反应剧烈，夹杂浆液冲出；30 g/L 时反应较剧烈，气泡较多，但没有发生浆液冲出反应器的现象；10 g/L 时反应较剧烈，但气泡量不多，反应过程平稳。

对 30 g/L 铝灰与铝酸钠溶液反应后的固相和 2 号铝灰进行荧光分析，以确定其元素组成，结果见表 3.6 和表 3.7。由表 3.6 可知，固相中的主要元素为 Al、O、Mg、Ca、F、Si 和 Ti，而固相中残留的 Na 和 Cl 较少，说明在反应过程中氯化钠已溶解于溶液中，与溶出结果相呼应。

表 3.6　铝灰量为 30 g/L 时生料配制后固相渣的荧光分析结果　（%）

元素	Al	O	Mg	Ca	F	Si	Ti	K	Fe
含量	49.90	36.02	5.49	2.43	1.57	1.36	1.05	0.77	0.43
元素	V	Cl	S	Zn	In	Sr	Mn	P	Cu
含量	0.23	0.09	0.04	0.04	0.03	0.03	0.02	0.01	0.01

表 3.7 2 号铝灰的荧光分析结果 (%)

元素	Al	O	Cl	Na	F	Mg	Si	K	Ca	Ti
含量	50.50	23.09	8.01	4.93	4.19	3.00	1.40	2.21	1.37	0.56
元素	Fe	Sr	S	V	Mn	In	Zn	P	Cu	Ni
含量	0.22	0.02	0.21	0.18	0.01	0.03	0.03	0.02	—	—

对比原样 2 号的荧光光谱结果，假设这过程中钙元素含量不变，并作为内标，则在生料浆配制过程中，残渣中氟元素含量比原样多，可以认为氟元素仍留在残渣中，没有大量进入溶液；氯进入溶液中量为 99.37%，也就是氯全部进入溶液中，和测量结果一致；钠进入溶液的量为 94.19%，这说明氯化钠基本上是进入溶液中的。同时，硅有 45.45% 反应进入溶液中，钾进入溶液的量为 80.44%，镁、钛等全部在残渣中。结合铝灰中铝氧原子比为 1.30，在铝酸钠溶液停留一段时间后，残渣中铝氧原子比 0.82，说明铝灰中单质铝、氮化铝发生了反应，生成了氢氧化铝，从而降低了铝氧原子比，反应式如下：

$$2Al + 2NaOH + 2H_2O \longrightarrow 2NaAlO_2 + 3H_2 \tag{3.7}$$

$$AlN + NaOH + H_2O \longrightarrow NaAlO_2 + NH_3 \tag{3.8}$$

$$Al_4C_3 + 4H_2O + 4NaOH \longrightarrow 3CH_4 + 4NaAlO_2 \tag{3.9}$$

$$Al_2O_3 + 2NaOH \longrightarrow 2NaAlO_2 + H_2O \tag{3.10}$$

$$2NH_3 + H_2SO_4 \longrightarrow (NH_4)_2SO_4 \tag{3.11}$$

在生料浆配制过程中，过滤浆液，洗涤固相，分析固相中的物相，对比原铝灰中的物相，可得到铝灰在生料浆配制过程中的反应行为。X 射线衍射分析结果见图 3.13。

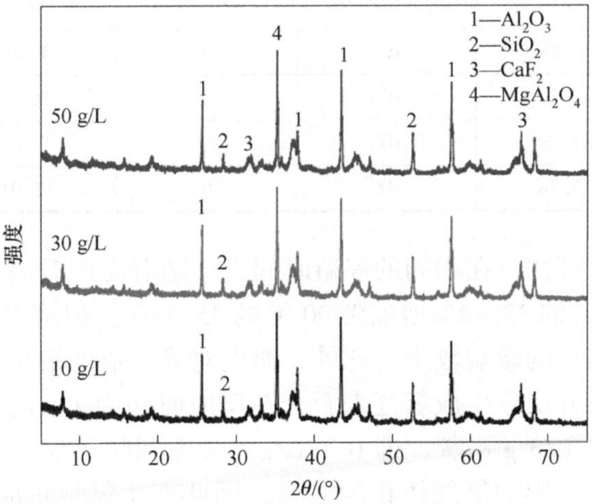

图 3.13 不同铝灰一次给料量下的固相渣的 XRD 图谱

（停留时间 1 h，反应温度 60 ℃）

由图 3. 13 可知，反应后渣中的主要物相为以刚玉形式存在的氧化铝、石英、氟化钙及镁铝尖晶石，没有明显的单质 Al、Si 和 AlN 特征峰。这表明 AlN、Al、Si 在生料浆配制过程中发生了反应，渣中各元素含量极低，在 1 h 内铝灰可溶性成分已基本反应完全。在铝灰反应过程中原料中的 NaCl 溶解于溶液中，而 Si 会与碱溶液发生化学反应，反应生成的铝酸根会与硅杂质反应生成难溶的钠硅渣，造成铝的溶出率偏低。此外，从溶出渣的 XRD 图谱可以看出，氟元素稳定固相为 CaF_2，属于难溶化合物，故在溶液中对 30 g/L 铝灰在生料浆中的残渣进行半定量分析，结果见表 3. 8。

表 3. 8　铝灰与铝酸钠溶液反应后残渣物相含量半定量分析

组　分	α-Al_2O_3	SiO_2	CaF_2	$MgAl_2O_4$
含量/%	63. 86	2. 62	4. 26	29. 26

从表 3. 8 中结果可知，残渣中主要物相为刚玉，其次为镁铝尖晶石，有少量的二氧化硅和氟化钙，其中刚玉和镁铝尖晶石在现在拜耳法条件下难溶出，需采用烧结法进行处理。

3. 2. 2　温度对氟、氯、氮反应行为的影响

由于循环母液的温度为 60~90 ℃，因而需研究温度对铝灰在铝酸钠溶液中各组分反应行为的影响。控制一次给料量 30 g/L，停留时间 1 h，生料浆配制温度对铝灰中铝、氮化铝等物相反应行为的影响结果见表 3. 9。

表 3. 9　不同温度下铝灰在生料浆配制过程中各元素的溶出效果

浸出温度/℃	铝溶出率/%	氯溶出率/%	氟溶出率/%	氨吸收量/mg	H_2/mL
60	32. 88	100	0	1. 08	-230
70	32. 36	100	0	3. 24	-250
80	34. 09	100	0	8. 87	-230
90	35. 78	100	0	13. 91	-260

由表 3. 9 结果可知，在相同的停留时间内，随着温度升高，铝溶出率虽然有缓慢上升，由 60 ℃的 32. 88%增加到 90 ℃的 35. 78%，但溶出率相差不大，说明浸出温度对铝溶出率的影响较小。此外，温度对氟、氯的溶出基本没有影响。对于铝灰中单质铝、硅反应生成氢气来看，在反应时间为 1 h 时，氢气的总量大致相同，为 0. 2~0. 3 L/3 g 铝灰，即 0. 1 L/g。考虑到收集氢气时有氨气产生，氨气溶于水产生负压，影响氢气体积的测量，因此产生氢气量应小于 0. 2 L/g。表中结果也表明，随反应温度的升高，氨的吸收量越来越大，意味着铝灰中氮化铝反应生成氨气的量也越来越多。若将氨气的量折算成标准状态下的氨气体积（以

90 ℃下反应生成的氨气量为例)，则结果为0.018 L/3 g，即0.0061 L/g。相比较而言，氢气产生的体积数要大于氨气的体积数，主要原因是：氢气的相对分子质量远小于氨气的相对分子质量，因而氢气的体积更大。

3.2.3 停留时间对氟、氯、氮反应行为的影响

考虑到生产中浆液需一定体积的缓冲槽，以满足连续生产的要求，因而生料浆有一定的停留时间。控制一次给料量30 g/L，溶出温度60 ℃，停留时间对铝灰中铝、氮溶出率的影响结果见表3.10。

表3.10 不同停留时间时的溶出效果

溶出时间/h	反应体系	铝溶出率/%	铝相对溶出率/%	氯溶出率/%	氨吸收量/mg
1	铝酸钠溶液	32.88	47.94	100	1.08
5	铝酸钠溶液	53.73	78.35	100	25.40
11	铝酸钠溶液	60.25	87.85	100	127.81
1	铝酸钠溶液，吹气	54.08	78.86	100	146.62
1	300 g/L NaOH	40.41	58.92	100	—
5	300 g/L NaOH	46.54	67.86	100	—
11	300 g/L NaOH	47.33	69.01	100	—

注：铝相对溶出率=非氧化铝中铝溶出率×100/非氧化铝中铝理论溶出率。

由表3.10结果可知，无论是在铝酸钠溶液中，还是在氢氧化钠溶液中，随着停留时间的延长，铝溶出率持续增加，最大溶出率可达到60.25%。参照5号铝灰物相分析结果可知，当溶出时间达到11 h时，铝的相对溶出率达87.85%。这表明，在生料浆配制过程中，尽管有较长的停留时间，但还有少量的铝没有反应，这主要是因为少量的铝被刚玉型氧化铝包裹。用300 g/L的NaOH溶液溶出铝灰时，铝的溶出率与停留时间的关系与用铝酸钠溶液溶出结果一致，但铝的溶出率最大只有47.33%，相对溶出率69.01%。同时，氯的溶出率达100%。在实验中也发现，氨在反应中易溶于水，很容易聚集在反应器中，不能全部被酸吸收。为此，在反应后，在反应器中充入氮气，将氨气排出，从而充分吸收，以便准确测出氨气的量。结果表明，随反应时间的延长，氨气的量也随之增多。以反应11 h为例，反应后，氨气量为0.15 L/3 g，即0.05 L/g，这比表3.9结果要多一些。

3.2.4 铝灰与碱性溶液反应前后的质量变化

对上述生料配制后的渣称重，分析渣重变化，结果见表3.11。

表 3.11　不同条件下铝灰在生料浆配制过程中渣重变化

序号	反应条件	加入铝灰质量/g	溶出渣重/g	固相质量减少率/%
1	铝酸钠溶液-60 ℃	3.0	1.47	51.0
2	铝酸钠溶液-70 ℃	3.0	1.51	49.7
3	铝酸钠溶液-80 ℃	3.0	1.39	53.7
4	铝酸钠溶液-90 ℃	3.0	1.32	56.0
5	NaOH-60 ℃	20.0	10.30	48.5

表 3.11 中结果表明，在生料浆配制过程中，由于氮化铝、单质铝和硅反应后，铝变成铝酸钠溶液，硅变成硅酸钠进入溶液，因而渣重显著减少。温度越高，反应越多，渣质量减少，一次加入量越多，则反应越不完全。一般来说，铝灰充分反应后，减重 48%～56%。

在铝灰直接接触铝酸钠溶液时，反应较为剧烈，有大量的气泡产生，主要气体为 NH_3 和 H_2，5 min 以内反应已接近完成，后续时间反应十分缓慢，为了防止冒槽及方便 NH_3、H_2的吸收利用，建议控制一次给料量在 30 g/L 以内。随反应温度的升高、反应时间的延长，铝灰中的铝的溶出率逐渐升高，最高溶出率为 60%左右，相对溶出率达 87.85%。造成铝溶出率偏低的原因主要是铝灰中少量铝被刚玉型 Al_2O_3 包裹，以及钠硅渣生成。

铝灰中氯主要以氯化钠的形态存在，由于氯化钠有极好的溶解性能，因而在生料浆配制过程中氯主要存在于溶出液中，氯溶出率较高。

铝灰与铝酸钠溶液配料后，剩余 50%的量，主要物相为刚玉型氧化铝、铝镁尖晶石和二氧化硅、氟化钙。铝灰中的氟主要以氟化钙等难溶化合物存在，在溶出液中存在极其微量。生料浆配制过程中，铝灰与溶液接触，会产生大量的氨气和氢气。升高温度、延长反应时间等可促进上述的反应的完成。在本节条件下，氢气产生量小于 0.2 L/g，氨气产生量约为 0.05 L/g，这些气体量会明显影响生产工艺和环境。

建议在生料浆配制过程中，采用少量多次的方法加入铝灰，及时排空气体，保证生产安全和维持好生产环境；同时，增加槽容量，保证足够反应时间，使铝、硅和氮化铝反应。

3.3　铝灰在酸溶液中的反应行为

铝灰中的高硅及低铁使得酸浸处理铝灰受到广大研究者的青睐。目前酸浸主要采用的是 HCl 和 HNO_3，但是 HCl 和 HNO_3 成本高，而且挥发大易造成环境污染，H_2SO_4 则稳定性好、成本低、污染小[4]。

3.3.1 铝灰盐酸浸出

3.3.1.1 盐酸浸出原理

铝灰中的 Al 主要以刚玉、镁铝尖晶石、少量 AlN、金属铝和 $Al(OH)_3$ 等形式存在，这些物质可以与 HCl 溶液反应得到 $AlCl_3$ 溶液，主要反应如下：

$$2Al + 6HCl = 2AlCl_3 + 3H_2\uparrow \quad (3.12)$$

$$Al_2O_3 + 6HCl = 2AlCl_3 + 3H_2O \quad (3.13)$$

$$Al(OH)_3 + 3HCl = AlCl_3 + 3H_2O \quad (3.14)$$

$$AlN + 4HCl = AlCl_3 + NH_4Cl \quad (3.15)$$

$$MgAl_2O_4 + 8HCl = 2AlCl_3 + MgCl_2 + 4H_2O \quad (3.16)$$

随着反应进行，体系中 OH^- 浓度增大使其 pH 值升高，$AlCl_3$ 溶液发生水解，反应如下：

$$Al^{3+} + 3H_2O \rightleftharpoons Al(OH)_3 + 3H^+ \quad (3.17)$$

随着水解反应的发生，$Al(OH)_3$ 与 HCl 继续反应，溶液 pH 值升高。

3.3.1.2 盐酸浓度对二次铝灰中铝浸出率的影响

在浸出温度为 85 ℃，时间为 2 h，搅拌速度为 200 r/min，加入铝灰 20 g，HCl 溶液∶铝灰 = 6∶1（mL/g）的条件下考察了 2 mol/L、4 mol/L、6 mol/L、8 mol/L、10 mol/L 的 HCl 溶液对二次铝灰中 Al 浸出率的影响，结果见图 3.14。

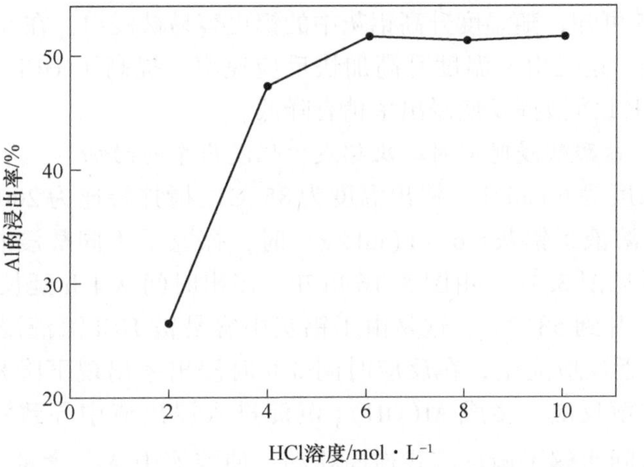

图 3.14 HCl 浓度对二次铝灰中铝的浸出率的影响

由图 3.14 可知，随着 HCl 浓度增大，Al 的浸出率先上升后逐渐趋于平稳，这是由于 HCl 浓度较低时发生化学反应的能力弱，HCl 浓度从 2 mol/L 增大到 6 mol/L，铝的浸出率从 26.6% 提高到 51.6%，之后再提高 HCl 浓度影响不大，说明反应达到一定程度，不再受酸浓度所限制。

3.3.1.3　盐酸酸浸温度对二次铝灰中铝浸出率的影响

在 HCl 浓度为 6 mol/L，浸出 2 h，搅拌转速为 200 r/min，加入铝灰 20 g，HCl 溶液：铝灰 6：1(mL/g) 时，探究了酸浸温度对浸出 Al 的影响，结果见图 3.15。

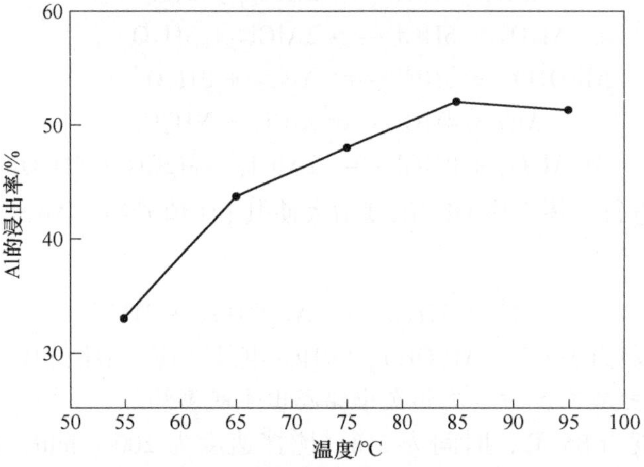

图 3.15　酸浸温度对二次铝灰中铝浸出率的影响

由图 3.15 可知，随温度升高铝灰中的铝更容易被浸出，在 85 ℃浸出率达到最大为 51.6%。这是由于温度升高加快反应速率，提高了 HCl 反应率，当超过 85 ℃会加速 HCl 溶液挥发使浸出率稍有降低。

3.3.1.4　盐酸酸浸时间对二次铝灰中铝浸出率的影响

在 HCl 浓度为 6 mol/L，浸出温度为 85 ℃，搅拌转速为 200 r/min，加入铝灰 20 g，HCl 溶液：铝灰 = 6：1(mL/g) 时，探究了不同酸浸时间对铝浸出率的影响，结果见图 3.16。由图 3.16 可知，浸出时间从 1 h 延长到 5 h，浸出率仅从 46.4%上升到 53.2%，这是由于铝灰中容易被 HCl 溶液浸出的含 Al 物相在 2 h 内已接近反应完全，在反应时间 3 h 时浸出率出现下降是由于反应体系中 Al^{3+}发生水解反应，生成 $Al(OH)_3$ 沉淀进入浸出渣中导致浸出率降低，再次延长浸出时间水解平衡反应式逆向移动，使溶液中 Al^{3+} 含量增大，浸出率略有上升。

3.3.1.5　盐酸酸浸液固比对二次铝灰中铝浸出率的影响

在 HCl 浓度为 6 mol/L，浸出温度为 85 ℃，搅拌转速为 200 r/min，加入铝灰 20 g，浸出 2 h 时，探究了不同液固比（液体体积与固体质量之比）对浸出 Al 的影响，结果见图 3.17。

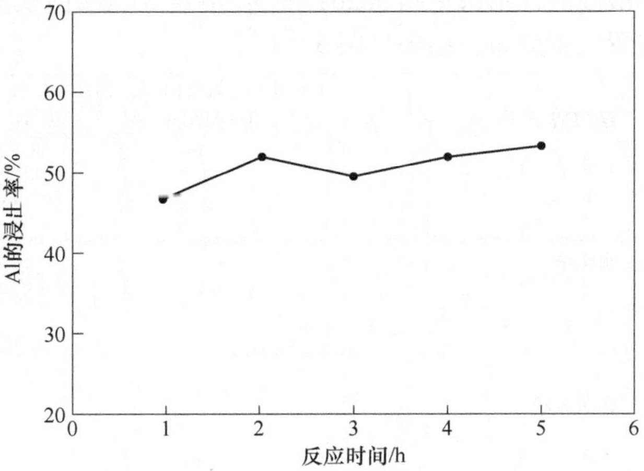

图 3.16 酸浸时间对二次铝灰中铝浸出率的影响

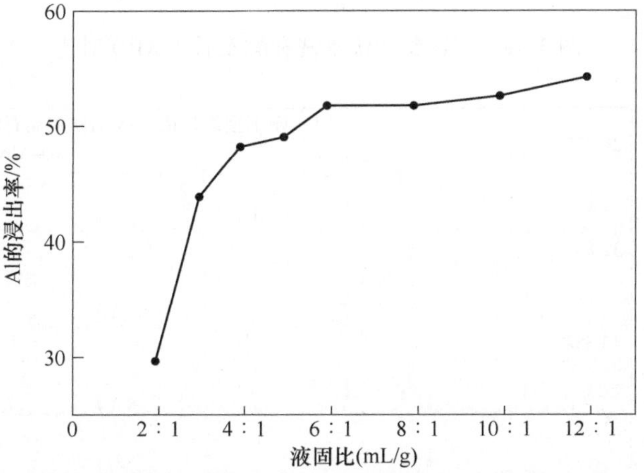

图 3.17 HCl 溶液与铝灰液固比对二次铝灰中铝浸出率的影响

由图 3.17 可得，随着液固比从 2∶1(mL/g) 增加到 4∶1(mL/g) 时，Al 的浸出率从 29.5%明显提高至 48.1%，再继续增加液固比，Al 的浸出率缓慢上升，并在液固比为 12∶1(mL/g) 时达到了 53.9%。这是由于随着液固比增大，参与反应的 HCl 量增大，提高了固液接触，Al 更加容易被浸出，盐酸过量后其未出现明显升高，可能是反应达到限度。综合考虑，液固比加大会提高成本，因此选择液固比为 4∶1(mL/g) 作为适宜液固比。

3.3.1.6 二次铝灰盐酸浸渣的物相与微观形貌分析

对比原二次铝灰与酸浸渣 XRD 图，见图 3.18 和图 3.19；通过 SEM 分析不同铝浸出率下的酸浸渣，结果见图 3. 20；对 $\eta(Al) = 51.6\%$酸浸渣进行 EDS 能谱分析渣中不同位置元素分布，结果见图 3. 18[5]。

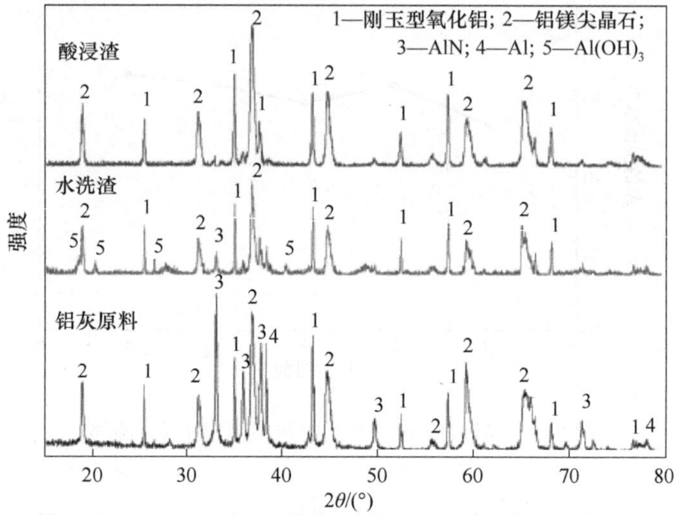

图 3. 18　二次铝灰经水洗和酸浸后的 XRD 对比

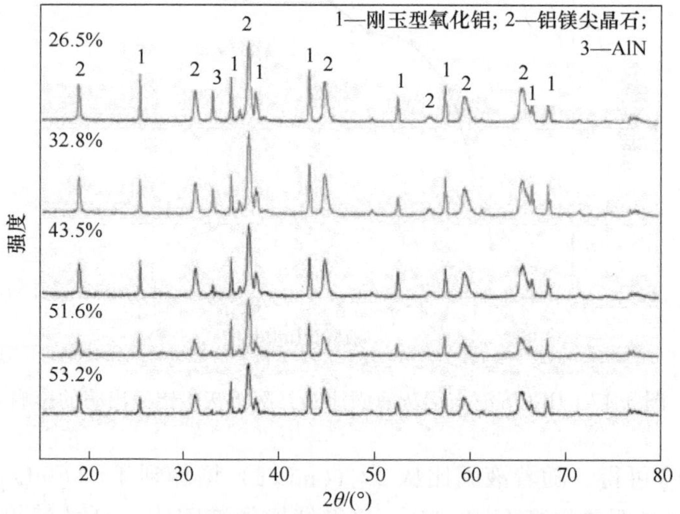

图 3. 19　不同铝浸出率下酸浸渣的 XRD 对比

由图 3. 18 可以看出，水洗二次铝灰再经过酸浸之后，渣中 AlN、$Al(OH)_3$ 的衍射峰消失，主要组成为刚玉型 Al_2O_3、$MgAl_2O_4$。由图 3. 19 可知，经过酸浸后渣中 AlN 和 Al_2O_3 的衍射峰随着 Al 被浸出逐步削弱，直至浸出率达到 51. 6%时，AlN 的衍射峰不再出现，且所有酸浸渣中均未显示 $Al(OH)_3$ 的衍射峰。说明酸浸时 HCl 溶液优先与铝灰中的 AlN 及 $Al(OH)_3$ 反应，而刚玉型 Al_2O_3 与

$MgAl_2O_4$ 结构较为稳定，难以参与反应。

Al 浸出率越高，浸出渣表面被侵蚀的程度越大，表面由光滑变得粗糙多孔，颗粒尺寸增大，发生聚集。颗粒呈内外包裹结构，结合图 3.20 中 EDS 分析结果可知 B 处 Mg 原子占比较 A 处更多，说明这是刚玉相在表面对内部的镁铝尖晶石相形成了包裹，且二者结构较为稳定，所以导致 Al 的浸出率达到上限。

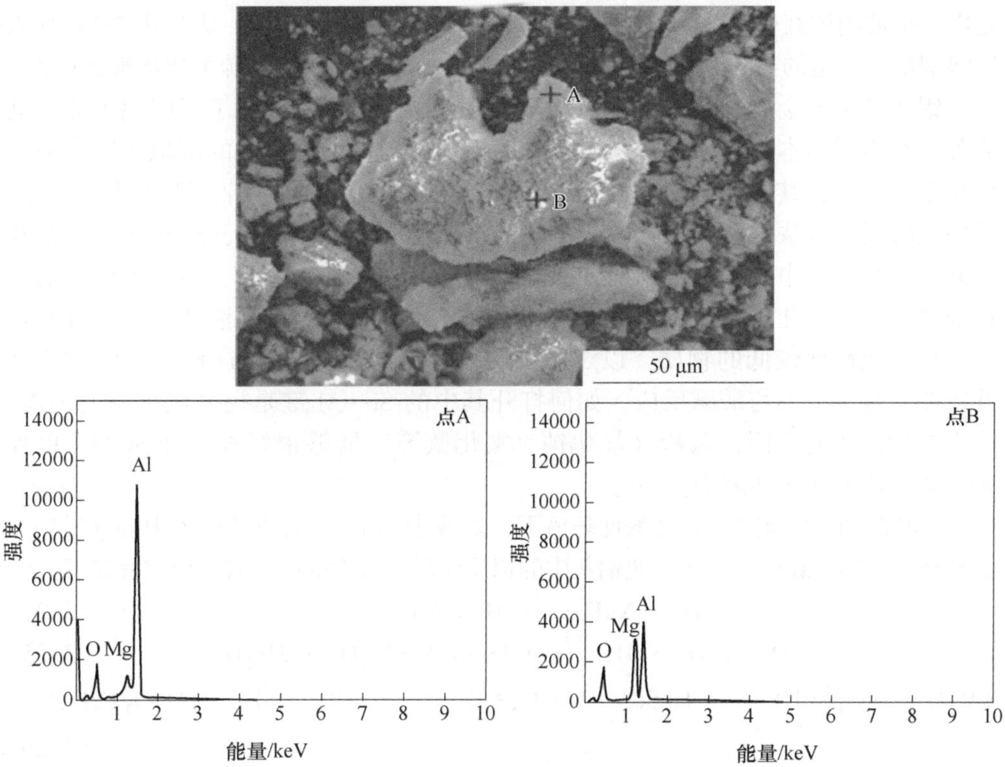

图 3.20 $\eta(Al)=51.6\%$ 酸浸渣的 EDS 分析图

3.3.2 铝灰硫酸浸出

3.3.2.1 铝灰硫酸浸出原理

用硫酸浸出铝灰，分离不溶沉淀，净化滤液。硫酸浸出相关反应如下：

$$Al_2O_3 + 3H_2SO_4 = Al_2(SO_4)_3 + 3H_2O \tag{3.18}$$

$$2Al + 3H_2SO_4 = Al_2(SO_4)_3 + 3H_2\uparrow \tag{3.19}$$

$$2AlN + 3H_2SO_4 = Al_2(SO_4)_3 + 2NH_3\uparrow \tag{3.20}$$

$$Fe_2O_3 + 3H_2SO_4 = Fe_2(SO_4)_3 + 3H_2O \tag{3.21}$$

$$CaCO_3 + H_2SO_4 = CaSO_4 + CO_2 + H_2O \tag{3.22}$$

分离、净化滤液，然后将滤液和碳酸氢铵反应，用氨水将滤液的 pH 值调节至合适范围，二者反应生成碳酸铝铵沉淀和硫酸铵，反应如下：

$$Al_2(SO_4)_3+8NH_4HCO_3 = 2NH_4AlO(OH)HCO_3+3(NH_4)_2SO_4+6CO_2+2H_2O \tag{3.23}$$

浸出过程的影响因素有酸浓度、用量、反应时间、反应温度、铝灰粒度等。在硫酸浸出铝灰的过程中，没有加入 NaF 作为助溶剂，因为铝灰中只有较少部分的铝是以富铝玻璃体红柱石（$3Al_2O_3 \cdot SiO_2$）的形态存在于铝灰中，大约占 2%；加入助溶剂反应产生的 H_2SiF_6 会掺入浸出后的硫酸铝溶液中，降低硫酸铝溶液的纯度。

铝灰是多种金属、金属氧化物及盐的混合物，铝灰因来源于不同铝工业，其成分各有不同。本节实验铝灰来源于电解铝厂，产生于氧化铝的熔融工段，为褐色粉末状固体，其主要成分为：Al_2O_3、SiO_2、Fe_2O_3、金属铝、钾盐及钠盐等。采用硫酸浸出方法处理铝灰，铝灰中的铝灰转化成可溶性铝盐，SiO_2 不溶于水和硫酸，但是铝灰中的铁会溶于硫酸，导致浸出液中含有铁杂质，后续需要添加除铁步骤。矿石往往是在高温环境下进行冶炼，研究表明，在高温环境下，硅和铝反应结合成活性较低的物质，以 $3Al_2O_3 \cdot SiO_2$ 的形态存在，这种形态的物质活性较差，基本上不与酸碱反应，如何打开其中的 Si—Al 键是提高浸出率的关键。国内外相关研究表明，氟盐（氟化钠、氟化氨等）能够很好地打开 Si-Al，例如 NaF 是一种很好的助溶剂。

NaF 的助溶原理如下：在酸性环境下，溶液中的 F^- 与铝硅玻璃体中的硅反应生成氟硅化合物，破坏玻璃体，使铝灰中的铝反应活性大大提高。其反应过程如下：

$$H^+ + NaF \longrightarrow HF + Na^+ \tag{3.24}$$

$$3Al_2O_3 \cdot SiO_2 + 4HF \longrightarrow 3SiF_4 + 3Al_2O_3 + 2H_2O \tag{3.25}$$

$$3Al_2O_3 \cdot SiO_2+6HF \longrightarrow H_2SiF_6+3Al_2O_3+2H_2O \longrightarrow 2H^++SiF_6^{2-}+3Al_2O_3+2H_2O \tag{3.26}$$

$$3Al_2O_3 \cdot SiO_2 + 6H^+ + 6NaF \longrightarrow H_2SiF_6 + 6Na^+ + 2H_2O + 3Al_2O_3 \tag{3.27}$$

$$Al_2O_3 + 6H^+ \longrightarrow 2Al^{3+} + 3H_2O \tag{3.28}$$

研究人员在粉煤灰的浸出研究过程发现，采用盐酸作为浸出剂，在浸出的过程加入 NaF 作为助溶剂，粉煤灰中的铝浸出率有明显的提升。铝在电解的过程中高达 1000 ℃，铝灰的产生环境与粉煤灰产生环境有许多相似之处，所以在利用元素分析法测定铝灰中铝含量试验中，采用 NaF 作为助溶剂。

采用硫酸对铝灰中的铝进行浸出，因为较之于盐酸，硫酸性质稳定，且能达到较高的溶度，价格便宜易得，而且还可以采用工业废酸作为提取剂，进一步提高了实验过程的环保性，且取得了较好的实验效果。铝灰浸出过程是一放热反应，反应过程放出大量的热和气体，使得烧瓶中的水蒸气逸出，缩小了反应液体积，反应体系中硫酸浓度上升，对浸出结果造成影响。为了消除溶度不稳定造成的影响，加料之后，及时地补充水分，使得反应体系液面维持在稳定的高度。

3.3.2.2 硫酸浓度对浸出的影响

在 25 ℃、配料比 $n(H_2SO_4)/n(Al)=1.5$ 的条件下，分别采用不同浓度的硫酸、不同浸出时间对粒度为 0.175 mm(80 目) 的铝灰进行浸出，考察配料比的变化对铝浸出率的影响，结果见表 3.12。

表 3.12 不同硫酸浓度、浸出时间对铝浸出率的影响 (%)

浓度/mol · L^{-1}	时间/min					
	30	60	90	120	180	240
0.5	25.1	30.2	33.7	35.4	36.1	36.4
1.0	37.3	40.2	42.6	44.6	45.3	45.2
2.0	43.2	46.8	48.7	49.5	50.3	51.1
2.5	37.9	39.7	40.3	41.7	41.9	42.1

不同硫酸浓度条件下，浸出时间与浸出率影响结果见图 3.21。

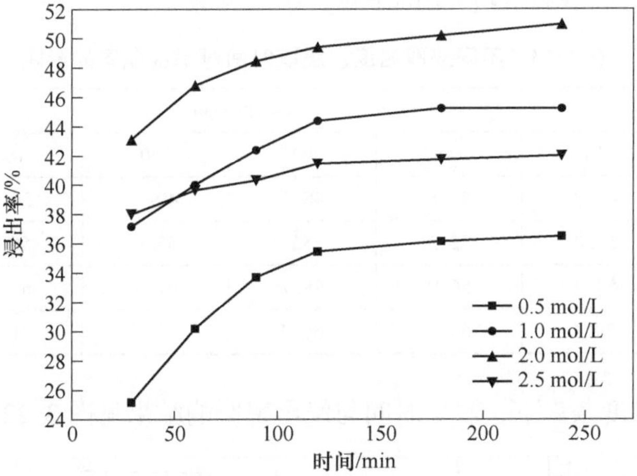

图 3.21 不同硫酸浓度、浸出时间对铝浸出率的影响

从图 3.21 可以看出，在配料物质量比、反应温度等条件一定的情况下，浸出硫酸的浓度越高，铝的浸出率也随之逐渐增大，因为浸出反应和反应物料的浓度有关，在一定浓度范围内随着硫酸浓度增大，氢离子的扩散速率增加，与铝灰接触的氢离子浓度随之增大，反应速率增大。当硫酸浓度大于 2.0 mol/L 以后，因反应体系中铝的含量有限，继续增加硫酸浓度不再显著提高铝的浸出率。随着硫酸浓度的增大到 2.5 mol/L 以上时，Al^{3+}会对 H^+的扩散造成屏蔽影响，影响了浸出的反应过程，硫酸浓度增加造成反应液流动性减弱，降低了反应过程的反应速率。从浸出率、经济性及操作难度方面综合考虑，硫酸浸出液的浓度应控制在 2.0 mol/L。

3.3.2.3　硫酸浸出时间对浸出的影响

在 25 ℃、配料比 $n(H_2SO_4)/n(Al)=1.5$ 的条件下，分别采用不同浸出时间对粒度为 0.175 mm（80 目）的铝灰进行浸出，考察浸出时间对浸出率的影响，结果见图 3.21。从图 3.21 可以看出：在反应温度、硫酸浓度等条件一定的情况下，随着浸出时间提高，铝的浸出率也随之逐渐增大。因为反应时间的增加，使得物料在反应器中的停留时间增加，铝的浸出率也随之增加。反应时间为 120 min 时，铝的浸出率达到较高值，之后随着浸出时间的提高，铝浸出率的提高不大，趋于平缓。反应 120min 后，铝的浸出已经比较完全，继续提高反应时间对铝浸出率提高不大，反而增加了加热能耗。从铝的浸出率及经济性综合考虑，浸出时间应控制在 120 min 为宜。

3.3.2.4　硫酸浸出温度对浸出的影响

在硫酸浓度为 2.0 mol/L、配料比 $n(H_2SO_4)/n(Al)=1.5$ 的条件下，分别采用不同的浸出温度、不同浸出时间对粒度为 0.175 mm（80 目）的铝灰进行浸出，考察浸出时间的变化对铝浸出率的影响，结果见表 3.13。

表 3.13　不同浸取温度、浸取时间对铝浸取率的影响　　（%）

温度/K	时间/min					
	30	60	90	120	180	240
298	43.2	46.8	48.7	49.5	50.3	51.1
323	51.2	52.3	53	55.6	56.3	56.2
348	54.4	56.9	58.7	61.5	62.1	62.2
373	59.4	63.3	66.7	69.4	71.6	71.9

不同硫酸温度条件下，浸出时间与浸出率影响结果见图 3.22。

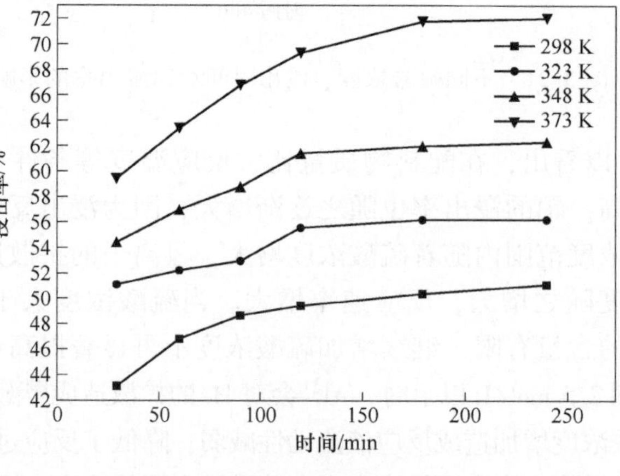

图 3.22　不同浸出温度和浸出时间对铝浸出率的影响

从图 3.22 可以看出，在配料物质量比、硫酸浓度等条件一定的情况下，随着反应温度的提高，铝的浸出率也随之逐渐增大，因为浸取反应与反应的速率常数有关，随着反应温度的升高，反应的速率常数增大，反应速率也随之增大。当反应温度达到 373 K 时，浸取率已经达到较高的水平。但反应温度再继续升高会加速反应体系中水蒸气的蒸发速率，反应料浆的黏度也随之增大，大大增加了物质的扩散阻力，不利于浸取反应的进行。在较高温度的反应条件下应及时向烧瓶中补水，以保持浸出反应的稳定进行。从铝的浸出率及高温条件下的操作性综合考虑，浸出反应的温度应控制在 373 K 为宜。

3.3.2.5　硫酸配料比对浸出的影响

在 373 K 条件下，浸出时间为 120 min、采用不同的配料比（标准配料比 A 为 $n(H_2SO_4)/n(Al)=1.5$）、不同酸浓度对粒度为 0.175 mm（80 目）的铝灰进行浸出进行实验，考察配料比的变化对铝浸出率的影响，结果见表 3.14 和图 3.23。

表 3.14　不同配料比、硫酸浓度对铝浸出率的影响　　（%）

浓度/mol·L^{-1}	配料比				
	1.0A	1.1A	1.2A	1.3A	1.4A
0.5	47.6	49.6	51.3	52.4	51.6
1.0	53.6	55.1	56.3	58.3	57.5
2.0	69.4	72.3	76.5	77.6	76.3
2.5	66.3	69.3	73.9	74.6	73.3

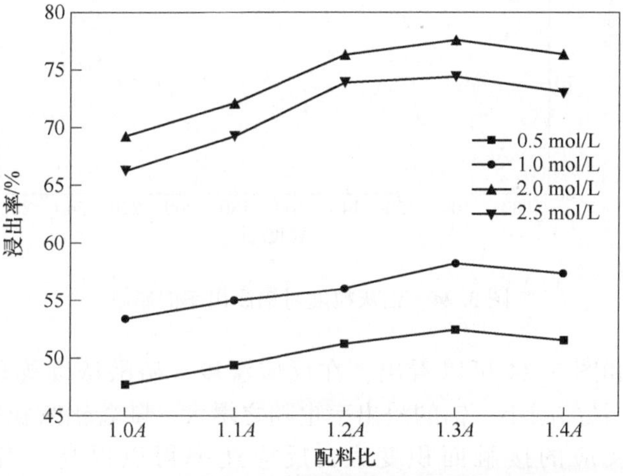

图 3.23　不同配料比和硫酸浓度对铝浸出率的影响

从表 3.14 和图 3.23 可以看出，在浸出温度和浸出时间等条件一定的情况下，随着配料比的提高，铝的浸出率也随之增大，因为浸出反应与反应物浓度有关，随着反应的进行，体系中硫酸浓度降低，但是高配料比使得反应进行一段时间后，反应体系中硫酸浓度仍能保持在较高的水平，加快了后期的反应速率。在配料比为 1.3 倍理论配料比时，铝浸出率达到较大值。

从铝的浸出率及经济性综合考虑，浸出反应的配料比应控制在理论值的 1.3 倍为宜，即 $n(H_2SO_4)/n(Al)=1.5\times1.3$。

3.3.2.6　铝灰粒度对浸出的影响

在 373 K 条件下，采用配料比 $n(H_2SO_4)/n(Al)=1.5\times1.3$、选择不同粒度的铝灰进行反应 120 min，考察铝灰粒度的不同对铝浸出率的影响，结果见表 3.15 和图 3.24。

表 3.15　铝灰粒度对铝浸出率的影响

铝灰粒度	目	80	100	120	150	180	200	250
	mm	0.175	0.147	0.121	0.104	0.084	0.074	0.058
浸出率/%		77.6	80.6	83.7	87.1	88.8	88.9	89.1

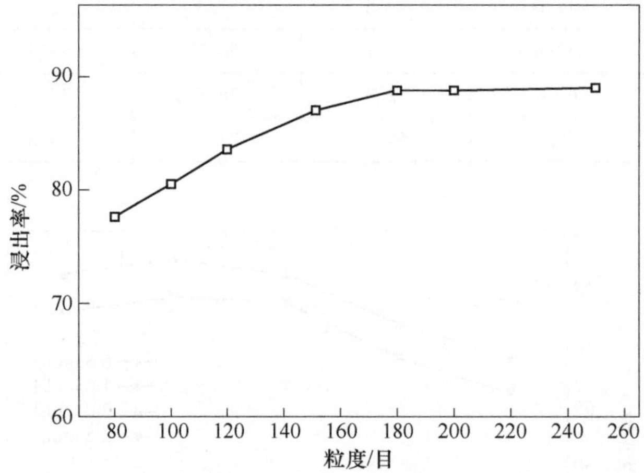

图 3.24　铝灰粒度对铝浸出率的影响

从表 3.15 和图 3.24 可以看出，在反应温度、硫酸浓度等条件一定的情况下，随着铝灰粒径的减小，铝的浸出率也随之增大。随着铝灰粒径减小，其表面积随之增大，反应的接触面积变大，反应速率得以提高。当铝灰粒度小于 0.084 mm（180 目）时，铝灰浸出率随着粒径的减小而快速增大；当铝灰粒度大于 0.084 mm（180 目）时，曲线趋于平滑。

从铝灰的浸出率及不同铝工业产生的铝灰粒度不同考虑，反应前应对粒径过大的铝灰进行研磨，铝灰粒度控制在 0.084 mm（180 目）为宜。

3.4 铝灰高温性质变化

3.4.1 高温焙烧原理

3.4.1.1 铝、氮化铝和碳化铝的脱除

铝灰中的金属铝、氮化铝和碳化铝在高温焙烧时发生的氧化反应是[6]：

$$4AlN + 3O_2 = 2Al_2O_3 + 2N_2 \quad (3.29)$$

$$4Al + 3O_2 = 2Al_2O_3 \quad (3.30)$$

$$Al_4C_3 + 6O_2 = 2Al_2O_3 + 3CO_2 \quad (3.31)$$

各温度区间铝灰组分的反应有所不同，见表 3.16。随着温度的升高，各种反应逐步进行。

表 3.16 各温度区间铝灰组分的反应情况

温度/℃	反 应
42~275	结晶水挥发
600~650	Al 的氧化反应
978~1110	NaF 挥发
1110~1235	NaCl 挥发
1050~1150	AlN 的氧化反应
1300	N 元素含量达到最少 0%

如果目的是完全脱氮，最佳焙烧温度应选择 1300 ℃。继续提高温度至 1400 ℃，由于铝灰内部结块抑制了 AlN 氧化，除氮效果反而降低。

3.4.1.2 高温氟化物的脱除

方法 1：在 1000 ℃左右，NaF 会挥发，氟离子浓度可以下降一个数量级。

方法 2：为了进一步降低氟离子的溶出，则需要加入钙盐高温焙烧，生成不可溶出的氟化钙，发生的反应是：

$$2NaF + CaCl_2 = CaF_2 + 2NaCl \quad (3.32)$$

或

$$2NaF + CaO = CaF_2 + Na_2O \quad (3.33)$$

CaF_2 几乎不溶于水，是氟化物中少有的没有毒性的物质，牙膏里就有氟化钙成分。所以工业上常用 CaF_2 难溶、无毒的性质来去除危险品中的游离氟。

待处理的二次铝灰的可溶出氟浓度为 137.55 mg/L，随着焙烧温度的提升，煅后铝灰的可溶出氟离子浓度逐渐降低，从 61.99 mg/L(900 ℃) 降低到 29.93 mg/L (1300 ℃)，加入 5%的 $CaCl_2$ 后煅后铝灰氟离子最低浓度可达 3.02 mg/L。

3.4.1.3　氯化物的脱除

氯化物并不是有害物质，但在 1200 ℃左右的高温下，NaCl 会挥发。有色金属行业有一种工艺叫高温氯化挥发法，利用金属氯化物容易挥发的特点，挥发物收尘用湿法回收有价金属，可用于炼铜、铝、锌、金等。

脱氮率、脱氟率、脱氯率都是随着焙烧时间的延长而升高，且升高速度逐渐减慢。研究得出在 900 ℃焙烧铝灰，5 h 脱氮率为 79.35%。

脱氮率随时间变化曲线见图 3.25，氟、氯脱除率随时间变化曲线见图 3.26。掺烧碳酸钠（$m(Na_2CO_3):m$(二次铝灰) = 1.1 : 1)，1200 ℃焙烧铝灰，焙烧时间达到 6 h，氯的脱除率最大，为 99.75%。焙烧时间达到 4 h，氟的脱除率最高，为 94.3%。

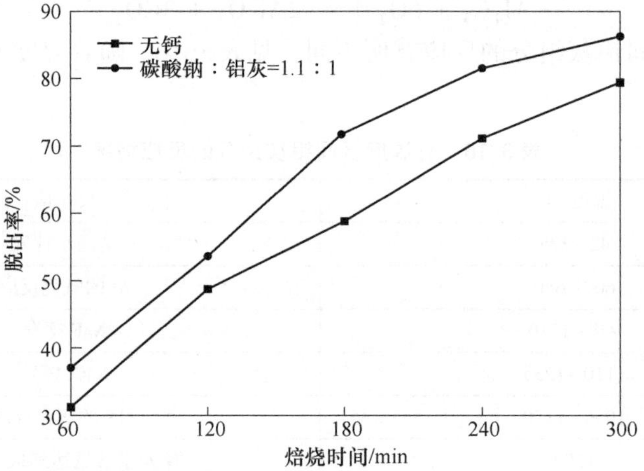

图 3.25　焙烧时间对脱氮率的影响

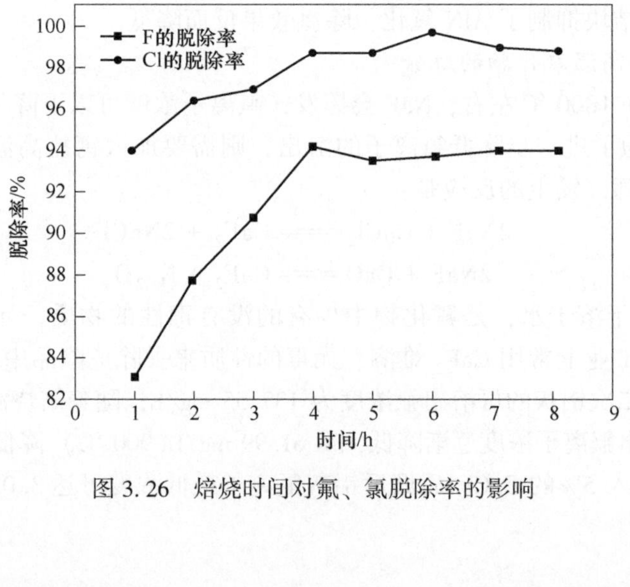

图 3.26　焙烧时间对氟、氯脱除率的影响

可以大致得出结论，高温焙烧 4~6 h 可以脱除大部分有害成分。

单单为了无害化处理而对铝灰进行高温焙烧是一件很不划算的事情，人们往往需要将后续的资源化与高温焙烧结合在一起。所谓的碱法焙烧，即将铝灰与碱（Na_2CO_3）混合后进行焙烧，在去除危险性同时，后续可制得一种重要的工业原料——铝酸钠溶液，经济性才有合理的可能。

3.4.2 碱法高温烧结反应行为

将铝灰用碱溶液配制后在一定温度下烧结，可得熟料。由于铝灰中含有氟、氯、氮等元素，高温下的反应行为不同，可能对环境和工艺影响显著，因此，需要研究烧结过程中铝灰的各元素的反应行为。

首先理解碱法生产氧化铝的几个概念：

（1）铝硅比：

$$A/S = \frac{m_{Al_2O_3}}{m_{SiO_2}} \tag{3.34}$$

式中，A/S 为铝硅比；$m_{Al_2O_3}$ 为矿石中氧化铝的质量；m_{SiO_2} 为矿石中氧化硅的质量。

（2）硅量指数：

$$A/S = \frac{m_{Al_2O_3}}{m_{SiO_2}} \tag{3.35}$$

式中，A/S 为硅量指数；$m_{Al_2O_3}$ 为铝酸钠溶液中氧化铝的质量；m_{SiO_2} 为铝酸钠溶液中氧化硅的质量。

（3）苛性比：

$$\alpha_K = 1.645 \times \frac{\omega_{Na_2O}}{\omega_{Al_2O_3}} \tag{3.36}$$

式中，α_K 为铝酸钠溶液的苛性比；ω_{Na_2O} 为铝酸钠溶液中氧化钠的浓度，g/L；$\omega_{Al_2O_3}$ 为铝酸钠溶液中氧化铝的浓度，g/L。

（4）铝酸钠溶液晶种分解率：

$$\eta = \left(1 - \frac{\alpha_{K_1}}{\alpha_{K_2}}\right) \times 100\% \tag{3.37}$$

式中，η 为铝酸钠溶液晶种分解率；α_{K_1} 为铝酸钠溶液分解前苛性比；α_{K_2} 为铝酸钠溶液分解后苛性比。

3.4.3 生料烧结时的质量损失和熟料外观分析

配制好生料浆后需干燥，然后生料烧结可得熟料。按照碱比等于 1 配制生料浆，详细配料情况见表 3.17。

表 3.17　生料浆配料表

实验	铝酸钠溶液/mL	铝灰/g	Na_2CO_3/g	草酸钠/g
1 号	600	165	—	—
2 号	300	177.6	77	—
3 号	300	177.6	77	4.06

1 号实验用铝酸钠溶液 $\alpha_K = 2.74$（$c(Na_2O) = 237.85$ g/L，$c(Al_2O_3) = 142.88$ g/L），考虑到蒸发排盐有碳酸钠和草酸钠，且碳酸钠价格远低于氢氧化钠的价格，因此，在配料中加入碳酸钠有利于降低生产成本。

2 号、3 号实验用铝酸钠溶液 $\alpha_K = 2.69$（$c(Na_2O) = 257.47$ g/L，$c(Na_2O_c) = 8.22$ g/L，$c(Al_2O_3) = 157.74$ g/L），搅拌反应一段时间后，将配好的生料浆在干燥箱中烘干，然后用振动磨研磨并混匀。干燥箱中烘干的过程比较缓慢，且干燥过程中有气泡产生，生料浆表面产生大量气孔，当生料浆完全干燥后，颜色呈灰白色，带有许多孔洞的硬块，且极易吸水受潮。

随后，每次取干燥样品 40 g，分别设置 700 ℃、800 ℃、900 ℃和 1000 ℃等不同的温度进行烧结，烧结时间为 1 h。烧结后的物料，即熟料，再进行振动磨研磨。生料烧结过程中失重情况见表 3.18。

表 3.18　生料烧结时的质量损失（灼减）

序号	熟料烧结温度/℃	质量损失（灼减）/g		
		1 号	2 号	3 号
1	700	6.97	5.67	4.15
2	800	7.78	6.55	4.98
3	900	7.89	6.79	5.13
4	1000	8.51	8.41	6.62

从表 3.18 中可知，若以铝酸钠溶液配料，1 号质量损失 17%~21%；若补加碳酸钠配料，质量损失少，介于 10%~17%。从烘干过程来看，2 号料颜色呈黑色，属偏湿，该现象是由生料浆中大量不易干燥的铝酸钠碱性溶液且干燥温度不高和时间不足引起。各组料样烧结温度为 900 ℃以上时，熟料颜色偏绿。

生料浆配方详见表 3.17，实验 2 号、3 号熟料，见图 3.27。实验 1 号、2 号、3 号生料浆分别在 700 ℃、800 ℃、900 ℃和 1000 ℃下烧结得到实验 1 号、2 号、3 号熟料，见图 3.27 和图 3.28。

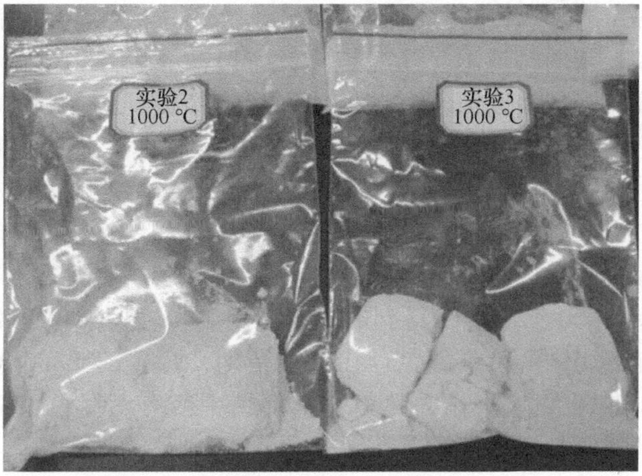

图 3.27 实验 2 号、3 号熟料（1000 ℃）

图 3.28 不同烧结温度下熟料的图片

（a）实验 1 号烧结温度 800 ℃熟料；（b）实验 1 号烧结温度 800 ℃熟料横截面；
（c）实验 1 号烧结温度 900 ℃熟料；（d）烧结温度 700 ℃（左实验 3 号，右实验 2 号）

实验中发现，加入有机物和碳酸钠后配制的生料浆，干燥过后得到的干生料比较硬、气孔多，且生料越干，硬度越大，需振动磨等强力破碎设备才能磨细；而以铝酸钠溶液和铝灰为原料，配制的生料经烧结得到的熟料，硬度相对偏小，同样气孔多。这主要与铝灰中铝、硅、氮化铝反应程度有关，溶液越多、停留时间越长，则在生料干燥过程中干生料的更疏松多孔，烧结温度越高相应的熟料也更疏松多孔隙。烧结后的熟料呈蓬松状并烧结为块，块状物中气孔多。在烧结后研磨熟料的过程中还发现，烧结温度越低，烧结熟料结为颗粒状越硬，不能轻易揉碎，而在900~1000 ℃下烧结得到的熟料，用手轻轻捏即可全部成细小的沙状颗粒。不同温度下烧结的熟料颜色存在细小差别，700 ℃和800 ℃烧结，熟料呈灰白色；900 ℃和1000 ℃烧结，熟料呈灰白色中带有淡绿色。偏湿的生料结块严重，导致烧结的熟料也更硬。

3.4.4 熟料烧结过程中氟、氯元素的反应行为

为了分析熟料烧结过程中氟、氯的反应行为（氮化铝、单质铝和硅在生料浆配制过程中已反应完全），对2号干生料和熟料的成分进行了荧光光谱分析，分析结果见表3.19。

表3.19 2号干生料与熟料的荧光光谱分析结果 （%）

元 素	Al	O	Mg	Ca	F	Si	Ti	K	Na	Fe	Cl
干生料	28.36	45.83	0.359	0.419	0.474	0.759	0.213	1.07	21.13	0.104	1.147
700 ℃熟料	24.03	45.01	0.662	0.529	0.742	0.537	0.242	0.919	24.59	0.295	2.23
800 ℃熟料	24.94	44.36	0.773	0.529	1.05	0.577	0.244	0.870	23.38	0.276	2.864
900 ℃熟料	24.30	44.36	0.711	0.529	0.660	0.530	0.237	0.831	25.37	0.266	1.89
1000 ℃熟料	23.48	44.33	0.722	0.576	0.267	0.491	0.257	0.825	26.94	0.320	1.84

以镁为内标，计算了不同温度下氟和氯的分配行为，结果见表3.20。

表3.20 2号熟料中剩余的氟、氯量

熟料烧结温度/℃	氟含量/%	氯含量/%
700	86.1	100
800	100	100
900	70.3	83.2
1000	28.0	79.8

表3.19中结果表明，尽管荧光光谱分析不是准确的定量分析结果，但上述结果可反映氟、氯变化规律，即随熟料烧结温度的升高，氟、氯进入尾气的量增多；相对而言，氟的稳定性更差，高温下会有更多的氟进入尾气中。

测试结果还表明，即使生料中配入有机物，在1000 ℃烧结1h，熟料中有机碳含量为零，有机物变成CO_2进入窑气中。

类似地，对生料1号、3号进行类似的分析，1号熟料分析结果见表3.21，1号熟料中剩余的氟、氯量见表3.22。

表3.21 1号熟料元素含量 (%)

元素	O	Al	Na	Cl	Si	Mg	K	Ca	Ti	Fe
生料	38.42	25.98	25.37	3.17	1.61	1.39	0.88	0.52	0.23	0.13
700 ℃熟料	35.76	30.12	24.97	2.92	1.56	1.14	1.03	0.62	0.28	0.15
800 ℃熟料	39.91	27.63	25.26	2.41	1.25	0.74	0.94	0.55	0.26	0.13
900 ℃熟料	38.78	30.36	23.40	2.32	1.51	0.95	0.81	0.57	0.26	0.14
1000 ℃熟料	40.43	30.12	22.91	1.71	1.49	0.93	0.66	0.51	0.25	0.13

表3.22 1号熟料中剩余的氟、氯量

熟料烧结温度/℃	氟含量/%	氯含量/%
700	74.64	100
800	64.59	100
900	51.67	100
1000	50.72	80.44

表3.22表明，1号熟料中，随熟料烧结温度的升高，熟料中剩余的氟、氯量减少，这规律与2号熟料类似。只是在1000 ℃熟料烧结时，有50%左右的氟进入尾气中，20%的氯也进入尾气中。

3号熟料元素含量及剩余的氟、氯量见表3.23和表3.24。

表3.23 3号熟料元素含量 (%)

元素	O	Al	Na	Cl	Si	F	Mg	K	Ca	Ti	Fe
生料	40.61	25.95	25.88	2.65	0.60	1.31	1.012	0.92	0.53	0.25	0
700 ℃熟料	45.76	22.08	26.73	1.94	0.44	0.485	0.507	0.89	0.502	0.23	0.30
800 ℃熟料	45.00	22.40	26.85	2.12	0.47	0.54	0.549	0.91	0.51	0.23	0.25
900 ℃熟料	45.24	22.13	27.17	1.89	0.43	0.74	0.597	0.90	0.51	0.23	0.22
1000 ℃熟料	44.87	21.06	29.62	0.99	0.39	0.37	0.580	0.97	0.51	0.24	0.24

表 3.24　3 号熟料中剩余的氟、氯量

熟料烧结温度/℃	氟含量/%	氯含量/%
700	73.89	100
800	75.95	100
900	95.72	100
1000	77.25	65.21

从表 3.24 中可以看出，3 号熟料烧结过程中，无论烧结温度如何变化，30%的氟进入尾气中，而氯的变化规律与 1 号、2 号熟料烧结时类似。

总之，若熟料烧结过程中没有有机物，随烧结温度升高，进入尾气中的氟、氯量增多。对于氯而言，小于 900 ℃烧结的熟料中氯没有进入尾气中，但 1000 ℃烧成时有少量氯进入尾气中；对于氟而言，若体系中没有有机物，在 900～1000 ℃烧成熟料时，有 50%～70%的氟进入尾气中；若体系中有有机物，仅有 30%的氟进入尾气中。其中的原因有待进一步研究。

3.4.5　熟料中的主要物相和铝、硅元素反应分析

为明确烧结过程中各组分的反应规律，对熟料进行了物相分析。1 号熟料结果见图 3.29 和表 3.25，2 号熟料结果见图 3.30 和表 3.26，3 号熟料结果见图

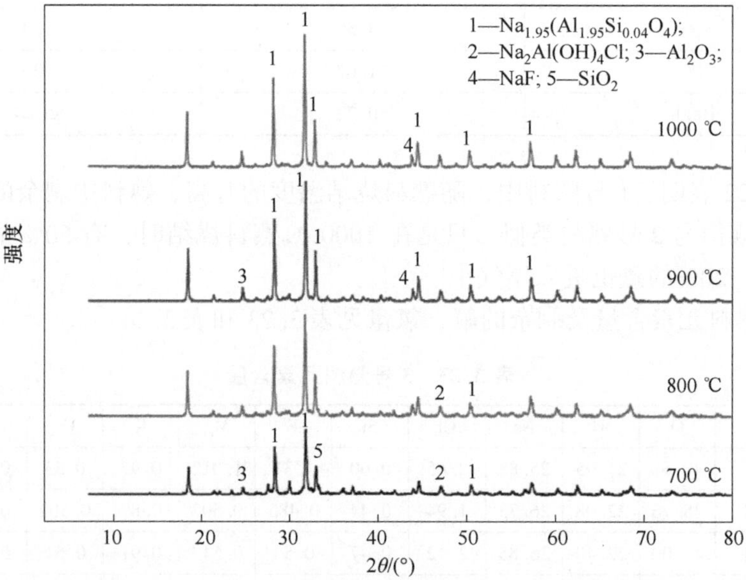

图 3.29　烧结温度对 1 号熟料 XRD 图谱的影响

3.31 和表 3.27。

表 3.25 烧结温度对 1 号熟料物相生成的影响

熟料烧结温度/℃	主要物相
700	$Na_{1.95}(Al_{1.95}Si_{0.04}O_4)$、$Na_2Al(OH)_4Cl$、$Al_2O_3$、NaF、$SiO_2$
800	$Na_{1.95}(Al_{1.95}Si_{0.04}O_4)$、$Al_2O_3$、NaF
900	$Na_{1.95}(Al_{1.95}Si_{0.04}O_4)$、NaF（可能）
1000	$Na_{1.95}(Al_{1.95}Si_{0.04}O_4)$、NaF（可能）

对于 1 号熟料而言，主要物相有 $Na_{1.95}(Al_{1.95}Si_{0.04}O_4)$，低温下有氧化铝和二氧化硅相，高温下氧化铝和二氧化硅转化为相应的钠盐。随烧结温度升高，氧化铝和二氧化硅相消失。

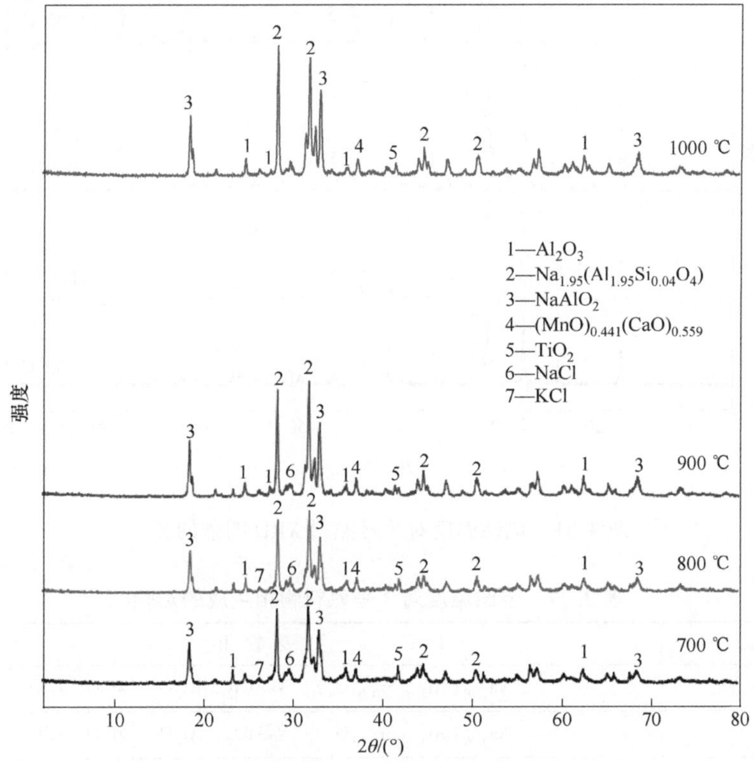

图 3.30 烧结温度对 2 号熟料 XRD 图谱的影响

表 3.26 烧结温度对 2 号熟料物相生成的影响

熟料烧结温度/℃	主要物相
700	$Na_{1.95}(Al_{1.95}Si_{0.04}O_4)$、$Al_2O_3$、$NaAlO_2$、MnO、CaO
800	$Na_{1.95}(Al_{1.95}Si_{0.04}O_4)$、$NaAlO_2$、$Al_2O_3$、MnO、CaO

续表 3.26

熟料烧结温度/℃	主 要 物 相
900	$Na_{1.95}(Al_{1.95}Si_{0.04}O_4)$、$NaAlO_2$、$Al_2O_3$、MnO、CaO
1000	$Na_{1.95}(Al_{1.95}Si_{0.04}O_4)$、$NaAlO_2$

对于 2 号熟料而言，主要物相有 $Na_{1.95}(Al_{1.95}Si_{0.04}O_4)$ 和 $NaAlO_2$。低温下有氧化铝相，高温下氧化铝相消失。

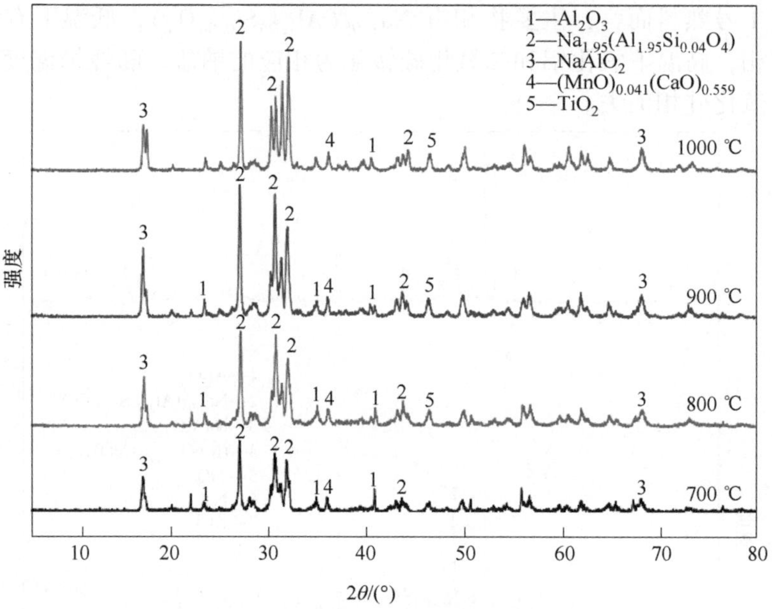

图 3.31　烧结温度对 3 号熟料 XRD 图谱的影响

表 3.27　烧结温度对 3 号熟料物相生成的影响

熟料烧结温度/℃	主 要 物 相
700	$Na_{1.95}(Al_{1.95}Si_{0.04}O_4)$、$NaAlO_2$、$Al_2O_3$、MnO、CaO
800	$Na_{1.95}(Al_{1.95}Si_{0.04}O_4)$、$NaAlO_2$、$Al_2O_3$、MnO、CaO
900	$Na_{1.95}(Al_{1.95}Si_{0.04}O_4)$、$NaAlO_2$、$Al_2O_3$、MnO、CaO
1000	$Na_{1.95}(Al_{1.95}Si_{0.04}O_4)$、$NaAlO_2$、MnO、CaO

从表 3.27 中可知，3 号熟料中主要物相有 $Na_{1.95}(Al_{1.95}Si_{0.04}O_4)$ 和 $NaAlO_2$。低温下有氧化铝相。

总之，小于 900 ℃下熟料烧结，熟料还含有氧化铝物相；1000 ℃烧结时，$Na_{1.95}(Al_{1.95}Si_{0.04}O_4)$ 剩余的铝转化为铝酸钠。较低温度下烧结，均发现氟化钠物相，高温下氟化钠相特征峰不明显，这与熟料中氟的测定结果相符，即在高温烧结，有一部分氟会进入尾气中。

熟料烧结过程中，随烧结温度的升高，熟料呈蓬松状，容易破碎；生料浆中水分多，烧结出来的熟料强度高，在熟料烧结过程中，随温度的升高，特别在1000 ℃，生料中有较多的氯、氟在烧结过程中进入尾气；相对而言，氟进入尾气中量更多。若生料浆配制过程中，含有一定量的有机物，在 1000 ℃熟料烧结时，有 30%左右的氟进入尾气中，有 35%的氯进入尾气中；若降低烧结温度，氯不进入尾气中，熟料中无有机碳。

参考文献

[1] 徐紫润，王钰，刘敬勇，等．二次铝灰湿法除氟工艺及氟化物的转化行为研究［J］. 无机盐工业，2024，56（6）：109-118.

[2] 鲍善词，李素芹，张昌泉，等．二次铝灰中氟、氯的浸出与回收分析［J］. 中国冶金，2018，28（10）：24-28.

[3] 李玲玲，宋明，靳强．二次铝灰中氧化铝碱溶研究［J］. 无机盐工业，2019，51（1）：53-57.

[4] 袁杰，罗亮昆，林安伟．铝灰酸浸提铝过程动力学研究［J］. 有色金属（冶炼部分），2022（6）：37-42.

[5] 晁曦，张廷安，张宇斌，等．二次铝灰酸浸制备聚合氯化铝的研究［J］. 有色金属科学与工程，2021，12（5）：1-9.

[6] 牛锛，胡尊彬，李保平，等．AlN 陶瓷制备过程中氧化行为研究［J］. 山东陶瓷，2010，33（6）：11-13.

4 铝灰资源化利用技术

目前，国内外有关铝灰的处理利用途径有很多。针对一次铝灰、二次铝灰的成分和理化特性的差异，一次铝灰多用于回收金属铝，主要工艺有火法冶金、电选法、机械筛分法等；二次铝灰多用于再造新产品，主要工艺有火法工艺、湿法工艺等，但仍普遍存在水平低、能耗高、效益差、二次污染等问题。

本章重点从目前铝灰处理利用工艺技术出发，分别从不同处理工艺进行阐述。

4.1 铝灰资源化利用技术总述

4.1.1 回收金属铝

铝灰回收金属铝的方法主要有热处理法、冷处理法和化学法。其中热处理主要以火法工艺和压榨回收为主，冷处理包括重选和球磨筛分，而化学法主要以电化学法最为适用。以上几种方法利用铝灰中成分的化学、物理等性质将铝进行回收，实现资源再利用。

(1) 火法工艺。火法工艺主要是利用金属铝熔点较低的特点，将回转窑的温度升至650 ℃以上，实现铝液与其他未溶物质的分离。回收金属铝的过程中通常会向炉内加入盐熔剂以降低铝的熔点，增加流动性。目前一次铝灰中金属铝的回收工艺主要有炒灰法、倾动回转窑处理法、等离子体速溶法、MRM 法、ALUREC 法。

(2) 压榨回收法。压榨回收法是将热铝灰装入机械，然后施加压力，将熔融的金属铝挤压出来，其中具有代表性的是“The Press”的工艺。该工艺添加铝灰不需要预冷，工艺简单、投资较少、运行维护成本低、劳动强度小、自动化水平高。

(3) 重选法。重选法是一种利用金属铝与其他杂质之间密度不同而分离金属的方法。目前，只有少数企业采用重选法对铝灰进行提铝处理。该方法是一种高效率、低成本、操作及维护费用低的方法，但由于铝灰中杂质成分较多，含铝物相复杂，无法避免密度差异小的组分影响，因此，该工艺仍处于发展阶段。

(4) 球磨筛分法。球磨筛分法处理铝灰主要是在球磨过程中将铝灰中的金属铝挤压成粒状，提取铝灰中的颗粒状金属铝，然后将颗粒状铝回炉熔炼，得到铸锭。由于其硬度较低，大块的金属铝可以通过粉碎和筛分的方式回收，经过机械破碎球磨和筛分可回收更细的金属铝。该方法的优点为工艺发展较早，设备简单且成本低，但是生产效率较低，易造成粉尘污染。筛分法需充分考虑金属铝含量与粒径之间的关系，同时要降低筛分剩余物中氮化铝的含量。Hiraki 等人[4]通过研究发现在大于 200 μm 的残留物中含有较多的金属铝，而 AlN 的含量较低。将筛分粒径提高至 250 μm，残留物中金属铝的含量提高，而 AlN 的质量分数减少了 60%。

(5) 电化学法。电化学法是利用物质之间电性和电荷数的不同，导致金属在电场内受力不同进行分离金属的方法。该方法在回收铝方面具有不错的效果，在电场中，铝灰失去了电子，其电性发生了变化，而其他成分则得到了带负电荷的电子，在电场力的作用下，金属铝和杂质分离，最终实现铝高效分离的目的，是一种清洁化的铝灰处理工艺。但是，该方法技术要求比较高，设备成本高，故该方法在铝灰处理领域应用较少。Cao 等人[1]将铝灰破碎至小于 300 μm，使用多级静电分离来回收金属铝，其回收率由 50.74%增加至 69.77%。Mah 等人[2]将铝灰破碎成小于 840 μm 的微粒后，通过静电作用分离铝，铝的回收率为 70%。Hwang 等人[3]通过涡流电分离过程器，实现大颗粒金属铝的回收，但金属铝的回收率较低，还需要进一步改善。

4.1.2 回收氧化铝

4.1.2.1 酸性浸出法

铝及其氧化物是两性物质，铝灰中的含铝组分，在一定条件下可在强酸溶液的作用下溶出 Al^{3+}。过去有很多学者研究了在不同酸性体系中回收氧化铝的工艺。在酸性浸出工艺中，通常使用硫酸、盐酸、硝酸等作为浸出介质，其中，盐酸作为用途最广泛的试剂，曾被众多学者研究。当铝灰和酸接触时会发生以下反应：

$$Al_2O_3 + 6H^+ = 2Al^{3+} + 3H_2O \tag{4.1}$$

$$2Al + 6H^+ = 2Al^{3+} + 3H_2 \tag{4.2}$$

$$AlN + 4H^+ = Al^{3+} + NH_4^+ \tag{4.3}$$

Mahinroosta 等人[5]提出一种在常压低温下提取氧化铝的工艺，由盐酸浸出、沉淀、纯化、再沉淀、煅烧五个阶段组成。研究表明，HCl 浓度的增加会对浸出率和浸出效率产生不利的影响。实验结果显示，在 5 mol/L 的 HCl、85 ℃的体系中浸出 120 min，氧化铝的浸出率达 83%。Sarker 等人[6]研究认为氧化铝的提取率随酸浓度、反应温度、反应时间的增加而增加，在 4 mol/L 的 HCl、100 ℃下反应 120 min 时，氧化铝的提取率达 71%。由此可得，盐酸浓度为 4~5 mol/L 为最佳反应条件，当 Al^{3+}的浓度达到最大值，继续增加盐酸浓度反而会抑制 H^+的电离，从而降低了铝的浸出率。

王宝庆[7]使用硫酸作为浸出液，成功从铝灰中回收得到纯度为 99.12%的 α-Al_2O_3，在 H_2SO_4 浓度为 2 mol/L、浸出时间为 120 min、浸出温度为 100 ℃、$n(H_2SO_4)/n(Al)$ 为 1.5×1.3 的最佳条件下，铝的浸出率达 88.8%，采用亚铁氰化钾除铁后的溶液与碳酸氢铵反应生成碳酸铝铵凝胶，高温煅烧得到纳米氧化铝粉体。侯蕊红[8]通过水洗除去可溶性盐，并使氮化铝、碳化铝等全部水解，在 90 ℃、15%的硫酸溶液中浸出 5 h，铝的浸出率达 90.2%。该方法通过水洗除去大量的含钠、钾盐，会提高铝的回收效率，且工艺相对简单，没有产生新的废渣、废水。Dash 等人[9]的实验结果证明，在 30%的 H_2SO_4 体系中反应 60 min，有 85%以上的氧化铝溶解；除去铝灰中的盐成分后，用 15%的硫酸可溶出 85%以上的氧化铝，用 50%的硫酸可溶出 95%以上的氧化铝。根据上述学者的研究结论，水洗除去盐分可提高氧化铝的溶解。这是因为盐溶剂更易与酸反应而降低酸浓度，同时生成的硫酸铵或氯化铵等会影响产品质量。

Yang 等人[10]研究表明，在酸性条件下，氮化铝会和酸反应，生成氨根离子。不仅铝灰中的金属铝、氧化铝与硫酸发生反应，其他化学物质也会发生不同反应。金属铝及其含铝组分会转化为硫酸铝，氮化铝转化为硫酸铝和硫酸铵[11-12]。How 等人[13]通过硫酸浸出、碱性沉淀的方法从铝灰中回收的 γ-Al_2O_3 晶粒尺寸约为 5 nm、比表面积为 111~128 m^2/g。David 等人[14]发现铝浸出的最大值是酸和铝灰之间的中和点，提取氧化铝的最佳实验条件为：温度为 90 ℃、H_2SO_4 浓度 15%、反应时间 5 h、固液比 1 : 12，可得到纯度大于 99.28%的氧化铝。

酸性浸出法虽然工艺简单，成本低廉。但是酸浸法制得的 Al_2O_3 纯度低，无法达到 γ-Al_2O_3 的产品要求，同时铝灰中的 SiO_2、Fe_2O_3 等也会随之浸出，同时也生成了铵盐等，降低了产品质量。

4.1.2.2　碱性浸出法

碱性浸出过程主要是铝灰中的 Al 和 Al_2O_3 在氢氧化钠溶液中常压或高压条件下溶解和形成 AlO_2^-，通过结晶/沉淀等方法回收氢氧化铝，最后在高温（1100 ℃）下煅烧生产冶金级氧化铝，反应原理如下：

$$Al_2O_3 + 2NaOH = 2NaAlO_2 + H_2O \tag{4.4}$$

$$2Al + 2NaOH + 2H_2O = 2NaAlO_2 + 3H_2\uparrow \tag{4.5}$$

$$NaAlO_2 + 2H_2O = Al(OH)_3 + NaOH \tag{4.6}$$

$$2Al(OH)_3 = Al_2O_3 + 3H_2O \tag{4.7}$$

Jafari 等人[15]研究了不同 NaOH 浓度对铝灰渣浸出的影响，研究发现 1~2 mol/L 的 NaOH 溶液可提供足够的氢氧根离子和金属铝反应。根据李玲玲等人[16]的研究，在 NaOH 浓度为 248 g/L、反应温度是 250 ℃、固液比（g/mL）

为0.32∶1的高压釜中反应3 h，氧化铝溶出率最大为98.6%，α-Al_2O_3、尖晶石、石榴石等为浸出渣的主要物相。Turk等人[17]采用水洗—浸出—沉淀—焙烧的工艺提取高纯α-Al_2O_3，利用水洗可溶性盐的滤渣在65 ℃、5 mol/L的NaOH溶液中反应3 h，铝的提取率最高可达92.78%。

Nguyen等人[18]采用球磨—氢氧化钠浸出法选择性浸出铝灰渣中的氧化铝。研究发现机械活化渣对氧化铝的浸出有很大的影响，在5 mol/L的NaOH、50 ℃、2 h的最佳浸出条件下，浸出液中铝的纯度超过98%，而氧化铝的浸出率仅为35%。该研究者利用行星球磨机将水洗无盐铝灰渣机械活化1 h，在同样的浸出条件下研究了超声波对氧化铝浸出的影响[19]，结果表明，超声波的使用使氧化铝的浸出由35%提高到60%。这是因为超声波的“空化效应”和“机械效应”增加了铝灰与NaOH界面的湍流，“空化效应”产生的微射流促进NaOH向铝灰表面扩散，以及微小颗粒从铝灰中逃逸的过程，从而增加了浸出和传质。因此，超声波对氧化铝的分离具有良好的作用。

综上所述，碱性浸出为铝灰处理提供了一种可行的替代方案，由于操作温度较低，该过程的能源需求较少。此外，在浸出过程中可以确保有效去除盐分，水浸去除可溶解杂质并增强第二步浸出操作，使用浸出的残渣可以生产高附加值的产品。因此，碱性浸出是铝灰回收最有前景的路线之一。

4.1.2.3 碱性熔炼法

低温碱性熔炼由苏联科学家于1948年提出[20]，以碱性熔盐为媒介，在远低于传统火法冶金温度下冶炼金属矿产以获得金属单质和盐的过程[21]。李菲等人[22]采用低温碱性熔炼工艺，以铝灰、NaOH、$NaNO_3$(Na_2O_2)以一定的比例混合熔炼，用去离子水浸出熔炼熟料，浸出液经净化、晶种分解、煅烧等工艺获得α-Al_2O_3。该方法添加$NaNO_3$时铝浸出率为92.71%，而添加Na_2O_2时铝浸出率为92.76%，这可能是由于Na_2O_2的分解温度更低导致的。

朱方方等人[23]采用硫酸铵焙烧—水浸法从二次铝灰中回收铝，以$(NH_4)_2SO_4$∶Al=5∶1混合物料，在425 ℃下焙烧90 min，并在85 ℃水浴中浸出60 min，Al的浸出率达85.17%。Tripathy等人[24]采用苏打焙烧—稀碱浸出的实验路线获得了较大的氧化铝回收率。结果表明，以10%Na_2CO_3和铝灰混合并在800 ℃烧结1 h，烧结熟料在2%NaOH溶液中浸出，所得氧化铝浸出率约为90%。

Guo等人[25]用熔融NaOH从铝灰中提取铝的动力学并合成γ-Al_2O_3。该研究发现由于O—H…Cl键的形成导致熔盐黏度的提高，进而导致了铝萃取率的下降；采用水洗无盐铝灰渣和NaOH以1∶1（质量比）的比例在650 ℃下反应90 min，使用电感耦合等离子体原子发射光谱仪确定铝酸钠溶液中氧化铝的量。结果表明，氢氧化钠溶剂回收氧化铝可以用典型的内扩散反应模型解释，其活化能为 17 kJ/mol。He 等人[26]也研究了氧化铝浸出过程中的动力学，该研究利用焙烧（1000 ℃、$Na_2O/Al_2O_3=1.4$）熟料，在不同浸出温度及时间下利用 ICP-OES 确定了铝的提取率。结果表明，内扩散反应模型更适合描述氧化铝烧结材料在稀碱液中的溶解动力学，根据阿累尼乌斯公式，其活化能为 11.40 kJ/mol。火法回收氧化铝需要将铝灰与添加剂混合，在高温条件下烧结、碱溶并碳酸化分解，火法工艺需消耗大量的成本，且对设备的性能要求较高，需要消耗大量的碱，溶出渣物相较杂，难以循环利用。与火法相比，湿法浸出回收铝能耗低、操作简单，具有工业可行性。

4.1.3　制备尖晶石耐火材料

采用铝灰制备耐火材料是其高值化利用的一个方面，由于 $MgAl_2O_4$ 抗高温、热膨胀率小、稳定性好，是一种优质耐火材料。$MgO-Al_2O_3$ 系相图见图 4.1，Mg_2AlO_4 是 $MgO-Al_2O_3$ 系唯一化合物，仅在氧化铝含量多的组成中形成氧化铝固溶尖晶石[27]。

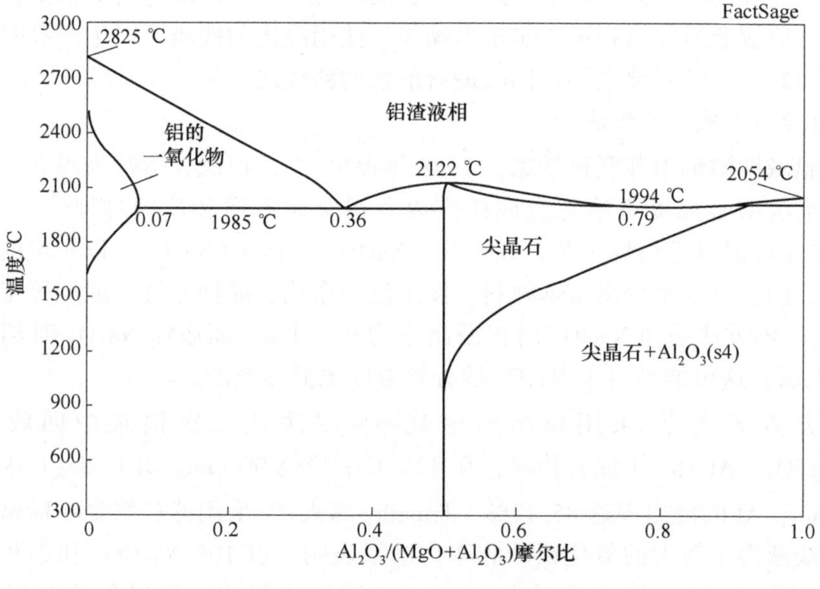

图 4.1　$MgO-Al_2O_3$ 体系相图

Zhang 等人[28]研究了 NaOH 溶液回收铝的可行性，并通过烧结浸取渣合成 Mg_2AlO_4；在 1400 ℃ 烧结 3 h 的浸取渣产生了抗压强度高达 69.4 MPa 的 Mg_2AlO_4，该值超过了 GB/T 2275—2007 规定的阈值（40 MPa），证明了浸取渣合并 Mg_2AlO_4 的可行性。李帅等人[29]采用预处理的铝灰以 Al_2O_3 ∶ $MgO=1.05$

进行配料，在1650 ℃下烧结，气孔率为33.3%，抗压强度为43.5 MPa。

针对镁铝尖晶石单一物相，众多学者提出添加结合相合成镁铝尖晶石复相材料。董锦芳等人[30]以铝灰和粉煤灰为主要原料，在1550 ℃下保温3 h，经原位铝热还原氮化的方法合成尖晶石-Sialon复相材料。张勇等人[31]利用黄长石密度小、热膨胀系数小、热导率低的优点，以二次铝灰为原料通过高温烧结工艺得到钙铝黄长石/镁铝尖晶石的复相材料，其抗压强度为40.18 MPa，抗压强度达到国家行业标准。Nguyen等人[32]开发了湿法冶金合成镁铝尖晶石前驱体的工艺，采用铝灰渣碱性浸出液添加氢氧化钙和聚丙烯酰胺去除溶液中的硅酸盐，添加H_2O_2使浸出液中析出$Al(OH)_3$，然后采用共沉淀的方法合成镁铝尖晶石前驱体。Hashishin等人[33]以水洗无盐铝灰渣为原料使用电磁感应的方法合成镁/硅铝尖晶石$(Mg,Si)Al_2O_4$，开发了更简便、抗压性能更好的尖晶石。

4.1.4　制备离子交换剂

聚合氯化铝（PAC）是目前水处理领域的研究热点之一，利用铝灰制备聚合氯化铝是铝灰高值化利用的一个方面[34]。铝系絮凝剂的作用机理是铝的多羟基聚合物的化学絮凝作用及少量絮状物的物理吸附作用[35]。焦玲[36]以铝灰为原料制备PAC，引入—OH、PO_4^{3-}等高电荷离子以提高电荷的中和能力及配位络合能力，制备了PAMC（聚合氯化铝镁）/PAC、PAFC（聚合氯化铝铁)/PAC等絮凝剂，实验证明改性铝系絮凝剂的絮凝效果更好。

Murayama等人[37]以二次铝灰渣为主要原料，制备了Mg-Al、Ga-Al和Zn-Al型层状双氢氧化物（LDHs），Mg-Al、Ga-Al和Zn-Al对Cr、As、Se等离子进行吸附，Mg-Al型LDHs从溶液中捕获了85%~100%的无机和有机阴离子物质，表现出最佳的性能。Zawarh等人[38]使用铝灰渣在氢氧化钠中溶解制备纳米氢氧化铝，在硝酸镁和硝酸镍存在的情况下，通过共沉淀和水热处理合成了纯Ni掺杂的纳米Mg-Al层状双氢氧化物，Ni的掺杂使晶粒尺寸减小，在较低的温度(1500 ℃）下成功制备出具有良好性能的尖晶石。Shibata等人[39]以铝再生过程中排出的铝渣和$MgCl_2$废液为主要原料，通过Al、Mg的复合氢氧化物共沉淀法合成水滑石并在500 ℃的条件下煅烧3 h转化为Mg-Al复合氧化物。

$AlPO_4$-n是磷酸铝聚合物之一，该材料被用于介孔分子筛、催化剂等，国内外众多学者对其进行了研究[40]。$AlPO_4$-5具有独特的骨架拓扑结构，特别是具有12元环，有较大的孔径和很强的热稳定性。Murayama等人[41]以铝渣为原料，采用水热法由一定比例Al_2O_3：P_2O_5：TEA：H_2O合成了磷酸铝型沸石多孔材料$AlPO_4$-5和无孔$AlPO_4$，并研究了其对水蒸气的吸附性能，结果表明，组成比为1：1：2：40合成的$AlPO_4$-5比表面积为353 m^2/g，适合作为干燥剂吸附剂。沸石通常由铝酸钠和硅酸钠溶液生产。Murakami等人[42]使用高炉渣和铝灰在

NaOH 溶液中水热合成 A-沸石（$Na_6Al_6Si_6O_{32} \cdot 12H_2O$）。Hiraki 等人[43]以硅渣和铝灰为原料分别在 NaOH 溶液中溶解，混合物在 700 r/min 下搅拌 0.5 h，然后在 90 ℃下加热 0.5 h，并保温 8 h 且不搅拌合成 X-沸石。

近年来，随着高分子絮凝剂的大规模发展，制备高分子复合絮凝剂的种类也是越来越多，现如今应用较为广泛的是聚合氯化铝和聚合硫酸铁。

4.1.5　其他利用技术

Yoo 等人[44-45]将铝灰溶解在以 HgI_2 为催化剂的仲丁醇溶液中，合成了用作氧化铝前驱体的仲丁醇铝。Yoo 等人[46]以铝灰为原料，在 HgI_2、Cl_2、I_2、$FeCl_3$ 存在的情况下，通过固液反应、真空蒸馏等方法合成了纯度为 97.6%的异丙醇铝，异丙醇铝中钠的质量分数为 0.007%，这种异丙醇铝可用作高纯和活性氧化铝的原料。Yang 等人[47]采用射频等离子体系统合成了 α-Al_2O_3，射频功率大于 2.5 kW，氧化铝纯度可达 99%以上，杂质总量为 0.05%，当射频功率增加至 3.5k W，氧化铝粉末为纯白色，氧化铝的纯度达 99.95%。Saravanakumar 等人[48]在坩埚阳极和石墨棒空心阴极之间建立等离子弧，坩埚内等离子体中的高温和空气夹带将铝灰转化为 γ-Al_2O_3。等离子技术在废物处理方面引起了广泛应用，这种新技术减少对一次铝资源的依赖、有害气体排放和有害物质的不当处理，延长二次资源生命周期。

氢气、氨气、甲烷等是从铝灰获得的气态产物，尽管气体产生量较小且经济效率低，但是铝灰可作为气态产物的潜在原料。Alviani 等人[49]以酸性温泉作为循环水源，以铝灰代替原铝金属，其酸性特点可破坏氧化层产生氢气，该途径是一种更直接有效的废物管理方法。

$$2Al + 6H_2O \xlongequal{} 2Al(OH)_3 + 3H_2\uparrow \tag{4.8}$$

金属铝表面的氧化铝层能有效阻止金属铝和水的反应速度，减少氢气产量。为了提高氢气的产量，需要通过机械活化工艺提高铝灰比表面积，金属-水反应更易发生。为了提高反应效率，向反应体系中加入 NaOH、KOH 时[50]，反应方程式如下：

$$2Al + 2NaOH + 6H_2O \xlongequal{} 2Al(OH)_3 + 2NaOH + 3H_2\uparrow \tag{4.9}$$

$$2Al + 2KOH + 6H_2O \xlongequal{} 2Al(OH)_3 + 2KOH + 3H_2\uparrow \tag{4.10}$$

在碱性条件下，氢气的产率为 105.53%，使用铝灰比使用纯铝粉的氢气产量平均增大 1%，这是因为铝灰中存在的其他元素，在碱性条件下也可以产生氢气（如 Zn、Ni、Mg 等）[51]，原理如下：

$$Zn + NaOH + 2H_2O \xlongequal{} Zn(OH)_2 + NaOH + H_2\uparrow \tag{4.11}$$

$$Ni + NaOH + 2H_2O \xlongequal{} Ni(OH)_2 + NaOH + H_2\uparrow \tag{4.12}$$

$$Mg + NaOH + 2H_2O \xlongequal{} Mg(OH)_2 + NaOH + H_2\uparrow \tag{4.13}$$

铝灰与水反应还会产生其他气体，原理如下：

$$AlN + 3H_2O \xlongequal{} Al(OH)_3 + NH_3\uparrow \tag{4.14}$$

$$Al_4C_3 + 12H_2O \xlongequal{} 4Al(OH)_3 + 3CH_4\uparrow \tag{4.15}$$

$$Al_2S_3 + 6H_2O \xlongequal{} 2Al(OH)_3 + 3H_2S\uparrow \tag{4.16}$$

一次铝灰中含铝量较高，可作为气态产物的来源，水洗无盐的二次铝灰可用作生产其他产品。低铝铝灰渣在钢铁工业有着非常广泛的应用，在渣中加入适量的氧化铝，不仅可以有效降低钢渣的熔点，提高钢渣流动性，而且能够提供炉渣硫容比，用于钢水脱硫[52]。王德永等人[53]用铝灰替代氧化铝制备精炼渣，结果表明，脱硫率可达到60%。李燕龙等人[54]发现 AlN 也是一种良好的还原剂，将钢渣投入氧化镁坩埚中加热到1600 ℃，将铝灰、氧化钙、氟化钙按4∶6∶1放入坩埚中并保温90 min，结果表明，钢包渣中 $w(Fe_tO)$ 由31.17%降至3.24%，钢中 $w([O])$ 由0.048%降至0.0017%，钢中 $w([S])$ 由0.019%降至0.0075%。Roslan 等人[55]以铝灰为原料酸浸萃取 γ-Al_2O_3(EGA)，然后在 $Ni(NO_3)_2 \cdot 6H_2O$ 溶液中浸渍 EGA 载体，通过此方法制备表面积为108.3 m^2/g 的10%Ni/EGA 催化剂。李强等人[56]以铝灰为载体，以硝酸铁溶液为介质浸渍负载活性组分，以滚动成型工艺成功制备出球形臭氧催化剂，以100 mg/L 苯胺模拟废水，COD 去除率为89.71%，臭氧催化剂的稳定性好，可以重复利用。

铝灰还被用作生产铝基复合材料。Castro 等人[57]使用经球磨、酸洗的铝灰渣和锆石为原料生产莫来石/氧化锆复合材料。Samat 等人[58]利用挤压设备将10%~40%（质量分数）的铝灰和聚丙烯共混，结果表明，铝灰含量的增大可以使复合材料的刚度增大和结晶度降低。Liu 等人[59]以铝灰和金红石为原料通过铝热还原氮化获得 TiN-Al_2O_3 复合材料，结果表明，TiN-Al_2O_3 复合材料的堆积密度随着烧结温度的升高而增加，当温度达到1500 ℃时，弯曲强度和断裂韧性达到最高值（201.48 MPa 和 4.11 $MPa \cdot m^{1/2}$）。Zawrah 等人[60]将铝灰研磨20 h 获得 Al_2O_3/Al 核壳纳米粉末，粉末与4%（质量分数）石墨烯混合压片烧结，在700 ℃下烧结4%（质量分数）石墨烯复合材料具有最大的压缩强度、硬度、弹性模量和电导率，提取金属后的铝灰渣还可用作生产水泥和混凝土。Ewais 等人[61]采用45%~50%铝泥、37.5%~41.25%铝灰、12.5%~13.75%氧化铝作为生产铝酸钙水泥混合料，在1400 ℃或1500 ℃下烧制铝酸钙水泥。Hu 等人[62]以赤泥和铝灰为原料，在原料碱度（CaO/SiO_2）为0.9，在1750~1800 ℃熔炼40 min 合成铝酸钙可用作 CA-60 水泥，也可用作钢铁行业脱硫剂。Elseknidy 等人[63]对掺杂铝灰、粉煤灰等工业废物的混凝土进行力学性能测试，研究发现，掺有15%粉煤灰、10%铝灰、20%采石粉尘的混凝土力学性能、耐久性优于标准混凝土。

近年来，为了更充分地利用铝灰，以更低的成本回收铝灰中的有价成分，减少对环境的污染，许多研究学者将铝灰直接返回电解槽中进行了研究[64-65]。在电解槽内直接添加铝灰会造成硅含量升高、电压升高、炉底沉淀增加等不利影响，因此，将铝灰直接添加进电解槽的方式还需进一步改善[66]。

4.2 一次铝灰提取铝技术

一次铝灰成分中主要含铝，以及各种氧化物（氧化铝、氧化镁、氧化钙等)。主要回收金属铝的方法包括火法工艺、压榨工艺、重选工艺、球磨筛分及电化学法。

4.2.1 火法工艺技术

目前一次铝灰中金属铝的火法回收工艺主要包括等离子体速溶法、倾动回转窑处理法、炒灰法、MRM 法、ALUREC 法[67-70]。

4.2.1.1 炒灰法回收铝工艺技术

炒灰法原理是出炉的热灰内含有一定比例的金属铝，加入炒灰分离机内，机内有可调节高度的搅拌装置，经搅拌夹杂的金属铝逐渐沉向容器底部形成熔池，灰则留在熔池上部，在搅拌的作用下，灰从容器上部的出灰孔排出，铝液从容器底部的放料孔排出直接浇铸成铝锭。由于在搅拌过程中铝在燃烧氧化形成烟雾污染环境，在容器上部设置有排烟装置，在后段风机的作用下，烟气经过旋风分离后进入脉冲除尘器，经过处理后的干净气体排入大气中。同时在炒灰锅内，部分细小的金属铝氧化燃烧，使铝灰温度继续升高，增强固相、液相的表面张力，便于液态铝珠分离出来。炒灰机结构和实物见图 4.2 和图 4.3。

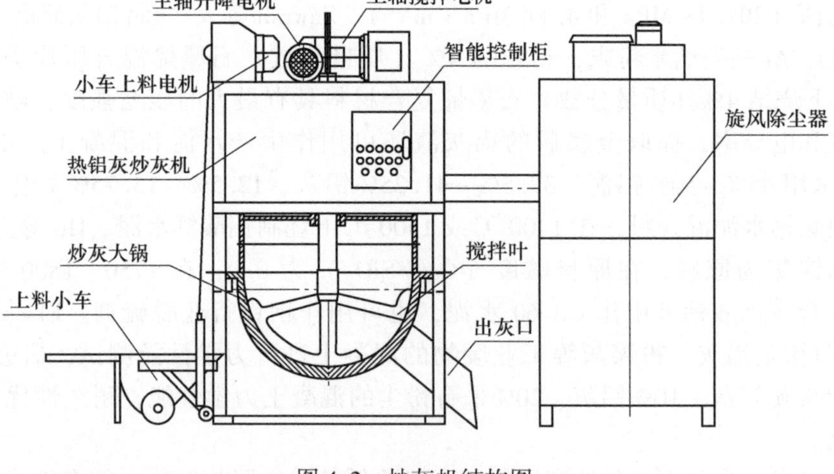

图 4.2 炒灰机结构图

图 4.3 炒灰机实物

铝灰炒灰机（固定坩埚式）特点：机械搅拌，搅拌充分，提高工作效率；分离效果理想，提高金属铝回收率；采用风力旋风除尘和水浴除尘，尾气净化效果好；操作简单，维护方便；不用燃料，利用热铝灰中金属铝氧化过程放出的热量，处理成本低；价格低，投资回报率高。

铝灰炒灰机主要的优势在于处理量大，每小时产量可达 300~2800 kg，根据设备的型号不同产量也不同，一次成品，不用反复研磨，且铝灰的回收率也很好。

4.2.1.2 倾动回转窑回收铝工艺技术

倾动回转窑回收铝工艺设备主要是回转炉，其中铝灰回转炉又称为铝灰旋转炉、铝灰熔炼炉、多功能回转炉、铝渣倾动式回转炉、铝灰热渣回转炉等。将熔剂放入炉子内部在高温下充分熔化，装入铝灰与熔剂充分混合并在高温下熔融，用承装器械从放料口收集还原得到的铝液，运送处理得到的铝液进行铸造。与固定的回转窑不同，倾动型的回转窑炉体上具备独立的下料口与出料口，在炉门上同时安装有喷嘴和排烟管，防止外部环境中的空气进入炉身内部导致炉料无法在正常还原气氛中反应，由此取缔了熔盐使用。此外，倾动回转炉与同类型反应炉相比热效率最高，这是因为其炉身与水平面有一个倾斜角，如此设计可以促进热传导效率和物料的均匀受热。该设备适用于大批量处理热渣、冷渣、含高铁类铝渣及回收的废杂铝等，原理图见图 4.4。

铝渣倾动式回转炉在使用前先用冷灰铺底，铺底冷灰采用筛灰颗粒料，加入热铝灰，如果热灰量不够，可等待更多量的热灰加入，待转炉转动一定时间后，高温温度将铝与杂质分离，铝液熔化后提升倾角倒出铝液实现提铝。高温时如不能及时入炉则应将表面燃烧的热灰打散并用细灰进行覆盖，使用渣盆盖封闭，防

图 4.4 倾动回转窑

止过度氧化和减少热量损失。装炼铝回转炉时需考虑冷灰和热灰总质量，冷灰和热灰比例大致为 2∶3，其中冷料一般不超过 1.5~3 t，热灰不超过 3~5 t，每炉装灰总量不得超过 8 t。当热灰量足够时可以开始工作，用叉车靶子把明火扒开，使其均匀升温，使用遥控器控制多功能回转炉转动（可正转或反转），同时用靶子进行搅拌，控制温度不能过高（当温度过高时要加冷灰来降温），向铝渣倾动回转炉内添加料时，灰斗不得猛烈撞击炉门及炉壁，每斗装炉时间 3~5 min，见图 4.5。

图 4.5 倾动回转窑提铝

工艺特点：人数配置量少，只要一名熟练的叉车工和一名辅助工，一天即可处理几吨到几十吨的热铝渣，工作效率高。从炉子扒出的热渣，用旋转叉车送进回转炉，利用回转炉的倒顺旋转和叉车耙子的前后搅拌，即可以将铝渣中的铝水分离出来（在操作过程中应注意控制温度，可以加入冷渣或小块生铝作为控温剂及二次提炼）。回转炉和筛选式冷灰桶是取代坩埚和立式炒灰机来大批量处理铝渣和冷渣的理想设备。铝灰旋转炉处理热渣和冷渣都不需要加热装置，尤其是处理冷渣时只需要有一斗炉子扒出的热渣就可以连续操作处理，操作过程除了设备运转的电能外不需要额外的能耗，由于是集中处理，产生的灰尘便于集中收集，真正做到了节能环保。

研究证明，采用炒灰法和倾动回转窑处理法回收铝，当温度升高时，可以促进铝的熔融颗粒表面的张力变大，与铝灰中的其他物质相斥的作用力增强，可以有助于金属铝与杂质分离，为此在炒灰过程中，铝回收企业的工人通常会向炒锅中加入特定的促进剂，这部分添加剂可促进铝灰的自身温度升高，最终得以达到提高回收率的目的。氯化锌作为一种在铝回收厂房中普遍使用的添加剂，虽然能够起到上述作用，但也引入了杂质锌，使得铝中的锌含量增大，反而影响到铝的回收效果。以铁锅为主要设备的炒灰法目前已经属于比较落后的方法，虽然操作比较简单，但是由于使用设备不是封闭式，加之铝灰中的杂质物质在高温环境中易挥发产生大量烟尘，与空气中的水分接触以后立即转化为氯化氢，并产生大量的烟雾，不仅对在场的工人造成危害，也污染环境。针对还在沿用炒灰法的中小型企业来说，在生产过程中从铝灰中溢出的大量有害烟尘必须着手处理解决，投资建设收尘设备和净化设备十分必要。

但是，面临十分大的挑战是这些规模较小的铝回收加工企业废物废气的处理设备十分陈旧，大部分甚至已经没有处理能力，达不到国家要求的环保标准，尤其对于部分规模比较小的企业，也不愿意在环保方面有所投入，造成这些小型企业工作环境差、污染周边环境。随着社会经济的飞速发展，政府对保护环境的重视，相关部门也对没有达到环保标准的企业实施整顿，加大了执法力度，在技术持续更新与管理的逐步完善下，环境保护将得到有效改善。

4.2.1.3 等离子体速溶回收铝工艺技术

等离子体速溶回收铝工艺技术是使用靠风流起作用的等离子喷嘴，在倾动炉内熔炼铝浮渣，在空气中适当拌入 CO_2、CH_4 或 H_2，由于物料被快速加热至 950 ℃，使铝珠周围的氧化皮破裂，铝珠就流入炉底，并通过出料口流出，通过该方法铝的总回收率可达 90%。

应用等离子速熔法时需要在高温下进行，因此要严格控制操作时的参数，保证工作安全有效。首先炉渣中的 Al_2O_3 控制在 70%左右，沉积在除尘器中烟尘所含 Al_2O_3 接近 99%；其次，在操作过程中若加入添加剂 CaO，可在高温下生成两种主要产物：铝酸钙及熔融铝，这里操作者利用物质密度差异出现分层的物理性质将上述两种物质分离，铝的密度相对于铝酸钙小而汇集在上层，工人可从炉底先放出铝酸钙，其后得到熔融态的铝单质，并且铝的总回收率可以达到90%。实践证明在等离子体速熔法中不需要添加任何促进铝灰升温的盐熔剂，此方法具有较高的回收率，被诸多企业所采用，特别是追求更高经济效益的企业，在产物中得到的铝酸钙还能作为另一种商品出售。

4.2.1.4　MRM 法回收铝工艺技术

MRM 法是把热铝渣直接送入带有搅拌装置的设备中，使铝液沉积于设备底部，这时要加入能产生放热反应的熔剂，使渣保持所需温度。剩下的铝渣还可进一步进行筛选、粉碎、熔化回收铝，为二次回收处理。

4.2.1.5　ALUREC 法回收铝工艺技术

ALUREC 法因具有热效率高、能量消耗少、操作环境好等特点备受一些发达国家青睐。该方法是由丹麦阿加公司（AGA）、霍戈文斯铝业公司（Hoogovens Aluminium）、曼公司（MAN）联合开发。该方法使用的燃料为混入氧的天然气，纯氧在其中起到了助燃的作用，因此在相当短的时间内即可到达操作所需的高温条件，在燃烧过程中有机气体（C_nH_m）与氧气在高温下主要生成二氧化碳与水，减少了排放对环境的污染。采用的操作设备为回转式的熔化炉，铝在高温下熔化汇集到炉底，非金属渣由于密度较小而浮于熔体上面，原理见图 4.6。

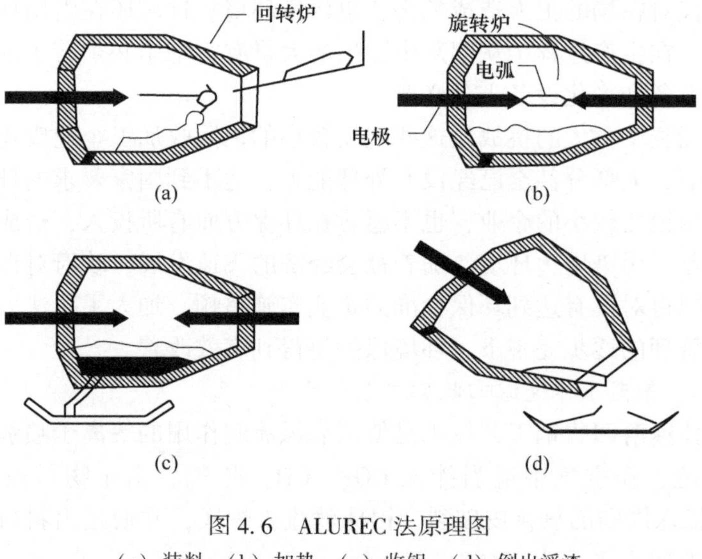

图 4.6　ALUREC 法原理图

（a）装料；（b）加热；（c）收铝；（d）倒出浮渣

ALUREC 法利用炉体的不停旋转使得铝渣充分与氧接触反应，已经达到了很高的自动化程度，节省了人工，因此被更多的大型铝加工企业所采用。炉体设备上部连接有收尘管道，可将高温下铝灰中杂质氧化生成的大量氧化物烟尘吸收，进一步处理后还可生产其他产品。ALUREC 法使用的设备较为先进，操作工艺较为简单，可实现数控操作减少人工投入，并且主体设备密闭连接废物处理装置，对环保有益，在金属铝的回收率方面虽然没有炒灰法高，但也能达到90%以上，但其缺点就是会有残留的铝灰没有完全处理到，还需做进一步收集处理。

相较于 ALUREC 法，回转窑处埋法是一种十分传统的生产方法，其使用时间较长，但也深受冶金人士的好评。ALUREC 法在回转窑的基础上做很大胆的尝试，也收到了比较好的效果。回转窑的炉身两端分别安装了喷嘴和排烟管，而 ALUREC 法的设备在这几点有所改变，由于 ALUREC 法炉身内部是负环境，外界环境中的空气或其他杂质会被压入炉体内部，改变炉内气氛变为氧化性质，影响正常反应。因此在炉体内一般添加氯化钠或者氯化钾的熔盐包裹待处理的铝灰降低金属的消耗流失。

4.2.2 压榨回收技术

压榨回收技术也是一项常用的铝灰处置利用技术，原理是将热铝灰进行机械加压后，机械力把热铝压榨分离出来，原理见图 4.7。该工艺添加铝灰不需要预冷，工艺简单、投资较少、运行维护成本低、劳动强度小、自动化水平高。

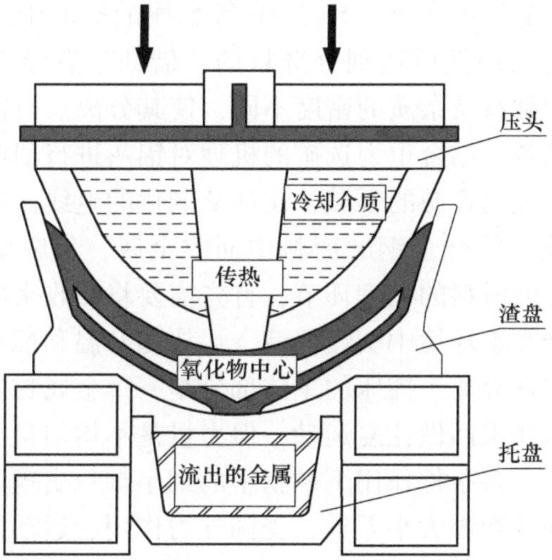

图 4.7 压榨设备

在诸多铝回收工艺中，以压榨回收法为主的铝生产企业近年来逐渐增多，最具代表性的工艺是“The Press”和 SPM，其原理是从机器上部放入热铝灰随后施加静压或动压将熔融铝挤压出来，其中“The Press”回收工艺由美国宾法尼亚州埃克斯顿市的阿尔特克国际公司（Altek Interational）开发。

其工作机理是以设备上的压头为主，炉渣内的液体金属受到来自压头施加的15 MPa压力，而后从渣中溢出流向下层的收集设备，在此过程中受压炉渣中的氧化物基本被包裹在金属壳内，氧化过程迅速终止。而在反应中产生的热量会借助铝渣内部存在的一些金属物质快速地向周围传递，致使设备上的压头装置和铝渣承装器温度随之升高，由于压头内部存在冷却水，可将铝渣的温度在短时间内从800 ℃以上迅速降低至450 ℃以下。使用冷却水的目的是防止铝灰中的金属在高温的环境下与其中的杂质成分发生氧化反应，从而影响铝的回收。“The Press”法操作过程是在高温下进行的，可以省去铝灰预先冷却的工序，直接带入的热量也可减少加热时消耗的能量，铝的回收率可达到60%以上，并且压榨回收法所使用的设备较为简单，因此在建设投入上可以节省一定的成本。设备的操作过程损耗很小，降低了保养维修费用。设备的机械化程度比较高，节省了劳动力，由于设备效率高，缩短了回收铝的时间，除尘设备完整，施工环境比较好。由于该方法的诸多优点，在许多发达国家使用十分广泛，但该技术在我国的再生铝生产企业还未真正意义上的开展，尚处于初级阶段。

4.2.3　重选法技术

重选法已经被普遍使用在W、Sn、Au等金属的提取中，其主要机理是根据不同物质密度不同的物理性质达到分选目的，借助带有浮力作用的水为外部环境，利用金属单质和脉石及杂质的密度不同，使其分离。目前，有的铝回收企业以摇床为主要处理设备，结合重力选矿的机理对铝灰进行回收处理。摇床被人们发现可以利用在回收金属资源的领域，比如从老化的电线盒废旧的电路板中回收获取高价值的金属铜、从合金钢磨屑料中回收金属、从废耐火砖中回收贵金属等，在诸如此类的废旧材料的处理环节，首先需要将回收来的废物料破碎为细小颗粒状，这样有助于在水环境中缓慢沉淀，再伴随升温和搅拌，更能促进金属从杂质中脱离出来，实现分离。摇床的主体部分是一个金属材质的板面床体，在施加了机械能之后，床体来回做往复运动，但力量是不均匀且不对称的，加之在倾斜床板上通过流动水，多条件作用下矿物中的细小颗粒出现了分层现象，由于矿物中的颗粒密度不同及颗粒大小差异，受到外力作用后运动方向不同而分离，达到了重力分选的目的，利用摇床进行重力分选的矿物颗粒能够小至0.22~2 mm。

站在理论角度分析，应用重选法处理经过热回收之后的铝灰（可以称为二次铝灰）效果十分显著，二次铝灰由于混入了许多其他杂质成分，其性质十分复杂，内部的各物质成分密度差异性很小，因此很难利用重力将其分离，尤其是铝的密度仅为2.7 g/cm^3，而氧化铝的密度为3.9~4.0 g/cm^3，利用摇床进行分选存在较大难度。为此，合理地对设备升级、对操作技术改进和操作指标优化，以及正确选用介质都成为改善此方法的关键因素，而摇床重力法也成为处理二次铝灰非常高效的方法之一，但鉴于目前一次铝灰经过多种处理方法处理后其含铝量已降低至3%以内，二次铝灰重选法的经济意义不大。

4.2.4 电化学技术

电选法过去在选矿流程中被广泛应用，目前也逐渐受到金属再生企业的选用和发展，如碎塑料中非铁金属的分离、多种金属碎料混合物的分离、垃圾中回收铜和铝等。电选设备中的核心部件是转鼓，而转鼓安置在中央并用导线接地使其不会带有电荷，借助转鼓周围安置的电极释放高压直流电，形成一个电场覆盖整个转鼓，由转鼓正上方的投料口向电场内不断投放铝灰，这样是为了铝灰在投放时接触转鼓表面，并通过电场，此时铝灰中的每项成分的电性都发生了改变，关键点在于金属铝所带的电荷性质和其他杂质成分带的电荷性质相反，金属铝失去电子带正电荷而其他杂质成分得到电子带负电荷，同时转鼓对电场内的物质施加以离心力，加之物质本身的重力作用，失去电子后的金属铝颗粒慢慢落下汇集在设备底部的收集槽内，而其他杂质成分带有电荷吸附于转鼓上，经过传输设备离开电场再被剥离仪器打落到残渣收集槽内，最终得以实现金属铝和杂质的有效分离。

4.2.5 球磨筛分技术

球磨筛分技术是根据铝灰中的铝在不同含量时经不同球级配比磨机挤压后，金属铝挤压成粒状或者片状，粒状或片状铝经筛分后再次利用，实现铝灰的金属铝回收利用，粒状金属铝可进行回炉熔炼，得到铸锭。

在生产过程中，由于金属铝硬度较低，绝大部分块状金属铝可以通过磨机和筛分的方式回收，经过多次机械破碎球磨和筛分可回收更细的金属铝，实现高效回收，该方法的优点为成本较低、设备简单、操作易于掌控，但是由于生产效率较低，易造成粉尘污染。

4.2.6 联合法提铝技术

部分单位将以上几种提铝工艺进行并联或串联提高回收效率，主要工艺如下：主要应用于大批量处理高温铝渣、铝灰作业，在不使用天然气燃料的条件（减轻了常规处理的能耗压力）下可以实现铝液与铝灰熔融状态下的较好分离，节约了人工成本与天然气资源，并确保了较好的金属铝的回收效率，主要工艺见图4.8。

流程描述：采用灰耙从铸锭炉内将高温铝灰扒到渣盆中运至热铝灰处理机厂房，用叉车将渣盆内的高温铝灰倒入热铝灰处理机。开启热铝灰处理机，旋转筒

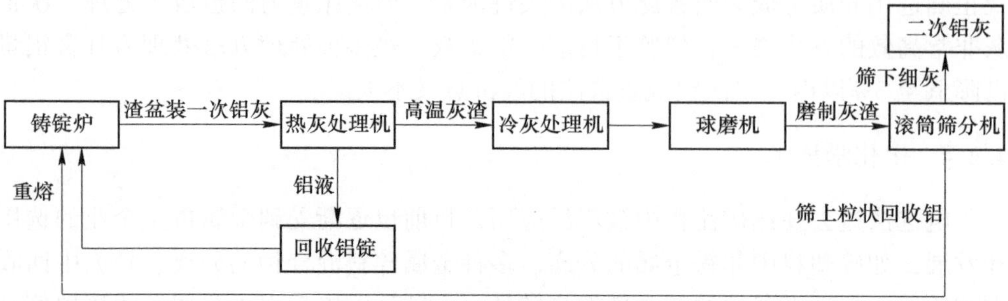

图 4.8 铝灰提铝串联工艺

体开始翻滚转动，在转动过程中利用高温，通过重力原理把铝液与浮渣自动分离。待此批铝水与浮渣分离完成后通过液压系统将热铝灰处理机旋转筒体倾斜，铝水倒入铝锭槽中冷却凝固，浮渣用叉车操作耙子扒入渣盆中冷却。铝锭槽中冷却凝固的铝锭用叉车旋转倒出来，铝锭称重后运回铸锭炉重熔回收使用。从热铝灰处理机内扒入渣盆中冷却的浮渣，吊运倒入球磨机内加工，出料口粗细料流入滚筒筛分机处理，铝豆回转热铝灰处理机作为降温原料。滚筒筛分机筛分出来的细废灰运到废灰仓库集中管理。

以上铝灰提铝工艺中铝灰回收率主要受到铝灰温度、铝灰的含铝量、铝灰中夹杂物等多种因素的影响，所以铝灰的回收应当根据灰的类型有区别地进行。

铝的温度对灰中铝金属的烧损尤为重要，高温会使铝金属的氧化加剧，铝灰温度越高铝金属烧损越大，可回收的金属损失越大。铝灰的温度也不能过低，过低的温度使液态铝金属黏度大，不利于铝液的析出与沉降。此外，铝灰中如果含有覆盖剂盐类，熔融的盐类对金属有一定附着力，铝灰分离必须达到一定温度条件，且不同类型的熔融盐类有不同的铝灰分离温度，在热灰处理之前必须选择好合适的热灰温度，利于铝灰分离。

铝灰中的含铝量影响体现在回收难度上，含铝量越大的铝灰，回收难度越小；含铝量越小的铝灰，回收难度越大，需要采用的工艺越复杂。铝灰中夹杂物会对回收的金属成分的产生影响，例如，铁杂质可能造成回收的铝中铁成分超标，导致材料化学成分不合格。

铝灰处理的主要对象是高温铝灰和冷却灰。高温铝灰回收的是液态铝，冷却灰中回收的是固态铝。

在国家大力倡导经济和可持续发展战略的趋势下，铝灰中铝金属的高效回收是铝工业可持续发展的关键环节。铝灰回收处理过程具有复杂性和多样性。针对不同类型的铝灰可以采用以下措施提高铝灰中金属的回收效率：

(1) 通过选择适当的铝灰温度、对铝灰的搅拌时间，以及选择添加炒灰剂的时机和用量等工艺参数，提高铝灰中铝金属的回收率。

(2) 针对不同的铝灰类型，合理选择铝灰回收处理设备可以高效地实现铝灰中金属的回收处理。不同的回收处理工艺，改进回收工艺参数，选用专用的回收设备，加入适当的炒灰剂，均可以提高铝灰中金属的回收率。

目前我国铝灰中铝金属处理处于相对初级的发展阶段，铝灰回收处理技术及工序仍然比较粗放，无论是回收工艺、生产设备都需要提高和完善，我们对铝灰回收技术的研究还有待进一步深入和拓展。

此外，铝灰回收只集中在对灰中金属的回收，铝灰中 AlN、Al_2O_3 等可利用成分仍然与铝灰回收后的产物一起处理，并没有实现资源的有效利用和循环发展。铝灰有毒有害的固体废物仍然对环境造成较大破坏，所以铝生产企业应当重视铝灰回收和利用技术的研究，从而推动我国铝行业向“绿色”“低碳”“环保”的可持续道路上发展。

4.3 二次铝灰生产铝酸钙技术

铝酸钙主要应用于水泥、灭火材料及炼钢脱硫剂等。铝灰生产铝酸钙的工艺流程采用废铝灰为主要原材料。传统生产铝酸钙的方法成本高，工艺复杂，铝灰替代铝矾土生产高纯度铝酸钙，既能降低铝酸钙的生产成本，又能保护环境，实现危险废物二次铝灰的资源化利用。

铝灰生产铝酸钙的工艺流程：将铝灰经过破碎筛分后，与石灰石按照预定比例混合均匀，得到混合原料；将混合原料球磨处理，得到混合原料粉末；将混合原料粉末预热分解处理，得到分解混合原料；将分解混合原料烧结处理，得到烧结块状物，将烧结块状物冷却后磨粉筛选得到铝酸钙粉，主要工艺见图 4.9。

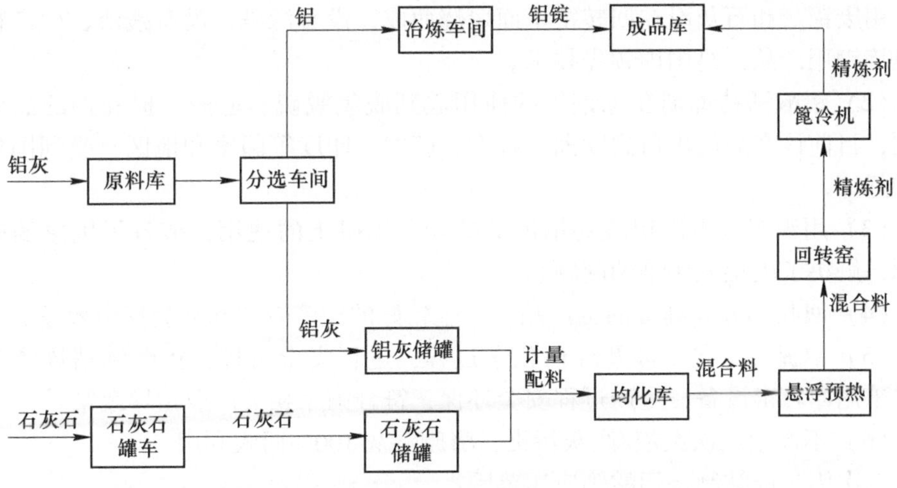

图 4.9 铝灰生产铝酸钙的工艺流程图

铝灰生产铝酸钙的工艺技术简便，适用性广泛，对铝灰原料的要求低，无需对废铝灰做任何处理，即可替代铝矾土生产纯度较高的铝酸钙，制得的铝酸钙在炼钢脱硫剂领域具有广泛的应用价值，是二次铝灰无害化和资源化处理的有效途径之一。

外购的铝灰、铝渣（属于危废）以吨袋包装的形式运送至厂区，卸料进入原料库储存；铝灰、铝渣进入分选车间，经过三筛两磨工艺分选后，分选出的铝进入冶炼车间熔炼成铝锭入库；分选剩余物与石灰石粉按一定比例混合后预热进入回转窑煅烧成为精炼剂，精炼剂冷却破碎进入仓库保存。该工艺处理的铝灰、炉渣经分选车间分选处理后的铝灰与石灰石粉进入均化库，混合后的物料中主要成分为 Al_2O_3、Al、$CaCO_3$ 等，混合物料进入回转窑，经高温煅烧后产生铝酸钙 $CaO \cdot Al_2O_3(Ca(AlO_2)_2)$。

反应原理：

（1）Al 与氧气在高温下发生氧化反应：

$$4Al(s) + 3O_2(g) \longrightarrow 2Al_2O_3(s) \tag{4.17}$$

（2）$CaCO_3$在高温下发生分解反应：

$$CaCO_3(s) \longrightarrow CaO(s) + CO_2(g) \tag{4.18}$$

（3）CaO 和 Al_2O_3 高温煅烧情况下发生化合反应：

$$CaO(s) + Al_2O_3(s) \longrightarrow Ca(AlO_2)_2 \tag{4.19}$$

AlN（氮化铝）在高温煅烧的情况下向 Al_2O_3 转化，化学反应：

$$4AlN + 3O_2 \xlongequal{\quad} 2Al_2O_3 + 2N_2 \tag{4.20}$$

铝灰生产铝酸钙的工艺流程主要优点为：

（1）采用铝灰生产铝酸钙精炼剂废物利用，变废为宝，利国利民，节省能源，用废铝灰和石灰石在回转窑里面煅烧而成，没有污染，没有残渣，生产精炼剂是炼钢用产品，是国内领先技术。

（2）铝酸钙精炼剂在炼钢炉的使用起到脱氧脱硫、造渣、提高钢的品质的作用，目前该产品已出口到欧洲、日本、韩国、印度等国家和地区，受到国外用户的好评。

（3）用废铝灰生产铝酸钙精炼剂减少了铝矾土的使用，节省了国家的矿产资源，解决了废铝灰污染的问题。

（4）回收部分高纯度的铝产品，产生较好的经济效益和社会环境效益。

（5）铝提炼工艺不涉及任何化学过程，过程安全可控，铝酸钙精炼渣生产装置采用回转窑设备，生产过程安全环保，符合国家相关产业指导政策。

（6）不产生二次废渣/废灰污染，将废铝灰 100%回收利用。

二次铝灰烧结制备铝酸钙应用范围：

（1）电解铝铝灰。以液态电解铝水为原料，采用短流程熔炼工艺生产的铝锭、铝棒、铝板带、铝杆等铸锭坯料，在熔炼工序中产生的固体废弃物。

(2) 熔铸铝灰。以重熔铝锭为原料，经过熔炼工艺生产铝锭、铝棒、铝板带、铝杆等铸锭坯料，在熔炼工序中产生的固体废弃物。

(3) 再生铝铝灰。以回收的各类铝制品、混合铝切片、机械加工铝屑等为原料，经过熔炼工艺生产铝锭、铝棒、铝板带、铝杆等铸锭坯料，在熔炼工序中产生的固体废弃物。

(4) 其他。所有铝工业生产中产生的主要成分为金属铝、氧化铝的固体废料，如电解铝抬包清理料、熔炼炉清炉料、熔炼炉烟气净化收尘粉。

铝酸钙下游主要应用领域有净水剂、水泥、炼钢等，其中聚合氯化铝是其最主要的应用领域。铝酸钙粉与无机强酸反应活性很高，在常温下即可启动发生，且放热量大，升温快，氧化铝的溶出率可达90%以上，用它作原料生产液体或固体聚合氯化铝能简化工艺，降低成本，提高产品质量，是目前国内外大多数聚合氯化铝生产厂家所采用的原材料。铝酸钙在炼钢中的应用主要是在LF炉、平炉、转炉钢包精炼时，脱去钢水中的硫、氧等不纯物，降低钢中的有害元素及杂质的含量。

每吨铝酸钙用铝矾土650 kg以上，成本在300~500元/t不等，成本较高，价格昂贵。而生产每吨铝酸钙需要用二次铝灰500 kg以上，成本在200~300元/t不等，价格便宜。由此可知，以二次铝灰为原料比铝矾土为原料制备铝酸钙价格至少低了100元/t。基于上述对二次铝灰的成分和产量特点的总结，二次铝灰成为制备铝酸钙的最佳选择。目前，中国再生铝厂数量众多，铝灰处理的特点是量大、面广、点多，二次铝灰制备铝酸钙的技术初期发展较慢，但近几年发展迅速，尤其是河南地区，在2018年，河南某公司就建成了二次铝灰制备炼钢精炼剂生产线；郑州某研究院二次铝灰的处理技术达到了国际先进水平，其中，二次铝灰资源化综合利用生产线在河南某铝厂成功试运行，可处理大量的二次铝灰，二次铝灰制备铝酸钙炼钢精炼剂生产线成熟。与此同时，其他地区也开始发展，在2018年，东北某公司也设计了二次铝灰制备铝酸钙生产线。2022年云南建成10万吨铝酸钙生产线成功投产。2023年，江苏某金属有限公司建成了全国最大的铝酸钙生产线，该公司前期以生产AD粉为主，经过发展研究，建成了5万吨/年铝酸钙生产线并试验成功，后又新建13万吨/年铝酸钙生产线。河北某公司也建成了二次铝灰制备炼钢精炼剂生产线，部分二次铝灰完全可用作炼钢促进剂原料，炼钢促进剂产能能达到7万吨/年。2021年，广东某公司在重庆建成铝灰资源利用延长链，包括对炼钢精炼剂的制备。

综上，二次铝灰制备铝酸钙发展迅速，且发展有成熟的生产线，集中在河南地区；其他地区也在逐渐建成铝酸钙生产线用来消纳二次铝灰，发展趋势良好。

铝灰生产铝酸钙的工艺流程产生废气解决方案为：铝灰渣分选系统投料废

气、一次筛分废气、一级球磨废气收集后经布袋除尘器处理，颗粒物排放浓度应达到《大气污染物综合排放标准》（GB 1629—1996）后通过 15 m 高排气筒（1 号）排放。铝灰渣分选系统二次筛分废气、二级球磨废气、三次筛分废气收集后经布袋除尘器处理，颗粒物排放浓度应达到《大气污染物综合排放标准》（GB 1629—1996）后通过 15 m 高排气筒（2 号）排放。煅烧系统加配料废气、混合料球磨废气收集后经布袋除尘器处理，颗粒物排放浓度应达到《大气污染物综合排放标准》（GB 1629—1996）后通过 15 m 高排气筒（3 号）排放。回转窑煅烧尾气经“炉内低氮燃烧+脱硝（SNCR）+重力沉降+多管冷却器+脱酸塔+活性炭喷射+耐高温布袋除尘+双碱法脱硫”处理，污染物排放浓度达到参照的《危险废物焚烧污染控制标准》（GB 18484—2020）后通过 25 m 高排气筒（4 号）排放，窑尾废气氯化氢、二氧化硫、氮氧化物、颗粒物、一氧化碳和烟气含氧量等设置在线监测装置。煅烧后铝酸钙筛分废气、破碎废气、球磨废气收集后经布袋除尘器处理，颗粒物排放浓度应达到《大气污染物综合排放标准》（GB 1629—1996）后通过 15 m 高排气筒（5 号）排放。

铝灰生产铝酸钙的工艺流程声环境解决方案为：噪声源主要包括滚筒筛、球磨机、回转窑、回转炉、风机等，通过选用低噪声设备，合理布局，并采取减振、隔声、消声等降噪措施后，厂界噪声能满足《工业企业厂界环境噪声排放标准》（GB 12348—2008）中三类标准要求。

4.4　二次铝灰生产氧化铝技术

4.4.1　传统氧化铝生产技术

氧化铝生产方法由原料组成和金属铝含量决定，主要有拜耳法、烧结法和联合法等。拜耳法由奥地利化学家卡尔·约瑟夫·拜耳发明，先通过氢氧化钠碱液溶出铝土矿中氧化铝，得到铝酸钠溶液，与主要固态杂质分离，然后向铝酸钠溶液中加入氢氧化铝晶种促进铝酸钠溶液中氧化铝以氢氧化铝形式析出，最后将析出的氢氧化铝在高温条件下煅烧得到氧化铝。拜耳法具有流程简单、能耗低、投资成本低和产品质量佳等优点，在氧化铝生产中得到广泛应用，全球约 90%的氧化铝采用拜耳法生产得到。由于氧化硅在拜耳法生产过程中会与氧化铝和氢氧化钠生成水合铝硅酸钠（$Na_2O \cdot Al_2O_3 \cdot 1.7SiO_2 \cdot nH_2O$），致使铝土矿中每千克氧化硅会造成 0.8 kg 氢氧化钠和 1 kg 氧化铝损失，铝硅比对拜耳法的生产效果影响最大，且拜耳法的优越性只适用于铝硅比大于 7 的氧化铝生产原料。

烧结法将氧化铝生产原料与纯碱和石灰石等物料混合，在高温条件下进行烧结，炉料中的氧化铝生成固态铝酸钠，易溶于水或稀碱溶液。氧化铁在烧结后生成铁酸钠，铁酸钠水解释放碱，氧化铁进入滤渣中；氧化硅与纯碱和石灰石反应生成难溶于水或稀碱溶液的原硅酸钙，进入滤渣中。烧结产物与水或稀碱溶液混合，生成的铝酸钠溶液与大部分固态杂质分离，通过加入二氧化碳对铝酸钠溶液进行分解，析出的氢氧化铝在高温下煅烧制得氧化铝。烧结法具有流程复杂、能耗高、成本高和产品质量不佳等缺点，但适用于硅含量较高的氧化铝生产原料，铝硅比小于4时，常采用烧结法。

联合法将拜耳法和烧结法联合使用，兼并两种方法的优点，同时具有流程复杂、设备多和操作繁杂的缺点。根据实际生产中物料的化学组分和生产成本，又可将联合法分为串联联合法、并联联合法和混联联合法。联合法适用于铝硅比在4~7之间的生产原料。

4.4.2　二次铝灰生产氧化铝原理

目前，铝灰渣中回收氧化铝的技术主要是将经过筛分、水洗除杂等初步分离的铝灰渣通过酸浸、碱浸或碱性熔炼等方法得到含铝离子（Al^{3+}或AlO_2^-），然后利用其酸碱两性性质，得到易于分离的相应沉淀，再经过一定温度的焙烧，可得到最终产品氧化铝。所采用的从铝灰渣中提取含铝离子工艺不同，最终获得的氧化铝产品的纯度、物相也有所差异。

4.4.2.1　*酸浸法*

由于铝及其氧化物具有酸碱两性性质，铝灰渣中的含铝成分可在强酸溶液的作用下溶出Al^{3+}，进而通过一系列沉淀、焙烧反应得到氧化铝产品。酸法能够解决铝灰本身对环境的污染及铝灰堆积占用土地资源等问题，但此方法不但工艺流程较为复杂，设备成本高，而且工艺大量用酸，必然是能耗大，对设备腐蚀性强。

铝灰中的铝主要以刚玉氧化铝、镁铝尖晶石、氮化铝、金属铝和氢氧化铝等形式存在，这些物质可以与HCl溶液反应得到$AlCl_3$溶液，主要反应如下：

$$2Al + 6HCl = 2AlCl_3 + 3H_2\uparrow \tag{4.21}$$

$$Al_2O_3 + 6HCl = 2AlCl_3 + 3H_2O \tag{4.22}$$

$$Al(OH)_3 + 3HCl = AlCl_3 + 3H_2O \tag{4.23}$$

$$AlN + 4HCl = AlCl_3 + NH_4Cl \tag{4.24}$$

$$MgAl_2O_4 + 8HCl = 2AlCl_3 + MgCl_2 + 4H_2O \tag{4.25}$$

随着反应进行，溶液中OH^-浓度增大，使其pH值逐步升高，$AlCl_3$溶液发生水解反应如下：

$$Al^{3+} + 3H_2O \rightleftharpoons Al(OH)_3 + 3H^+ \tag{4.26}$$

但随着水解反应的发生，$Al(OH)_3$与HCl继续反应，溶液pH值升高，相邻的2个羟基之间产生架桥作用生成聚合氯化铝溶液，酸浸液中添加$CaO \cdot Al_2O_3$既增加了其中铝含量，又消耗了体系中多余的盐酸，提高了其pH值，促进了聚合氯化铝的生成。

4.4.2.2　碱浸法

铝及铝的氧化物也可溶于碱性溶液，并通过 pH 值调节、析晶等方式得到 $Al(OH)_3$ 沉淀或晶体，最终经一系列分离煅烧工艺可得到氧化铝产品。碱浸法生产的氧化铝纯度高，杂质含量低，与酸浸法相比，能够有效分离铝灰渣中的 Fe、Cu、Cr、Ni 等金属及其氧化物；同时也可以通过晶体析出或沉淀过程的调节，制备不同特性的氧化铝产品。但碱浸法过程中为达到溶出 AlO_2^- 的目的，所需苛性比较高，碱液消耗量大，生产原料成本较高，且依然存在污染环境、产生的废液需要进一步处理等问题。

碱浸法回收氧化铝原理：

$$2Al + 2NaOH + 2H_2O \longrightarrow 2NaAlO_2 + 3H_2\uparrow \tag{4.27}$$

$$AlN + NaOH + H_2O \longrightarrow NaAlO_2 + NH_3\uparrow \tag{4.28}$$

$$Al_4C_3 + 4H_2O + 4NaOH \longrightarrow 3CH_4\uparrow + 4NaAlO_2 \tag{4.29}$$

$$Al_2O_3 + 2NaOH \longrightarrow 2NaAlO_2 + H_2O \tag{4.30}$$

$$2NH_3 + H_2SO_4 \longrightarrow (NH_4)_2SO_4 \tag{4.31}$$

$$Si + 2NaOH + H_2O = Na_2SiO_3 + 2H_2\uparrow \tag{4.32}$$

$$NaAlO_2 + 2H_2O \longrightarrow Al(OH)_3 + NaOH \tag{4.33}$$

$$2Al(OH)_3 \longrightarrow Al_2O_3 + 3H_2O \tag{4.34}$$

氟固化过程：

$$Ca(OH)_2 + 2NaF \longrightarrow CaF_2 + 2NaOH \tag{4.35}$$

4.4.2.3　碱性熔炼法

碱性熔炼法（也称碱烧结法）是指将铝灰渣与强碱在一定温度下进行熔炼反应，生成相应的钠盐，经过进一步的水浸、沉淀或析晶、焙烧等处理工艺后，可制得氧化铝产品。碱性熔炼法回收铝灰渣中氧化铝的效率明显高于浓酸浸出法和浓碱浸出法，且生产的氧化铝纯度高，物相单一，特别是对金属铝含量低的二次铝灰具有较高的回收利用效率；另外，熔炼过程中氧化剂的添加能够控制硅的浸出率，有效分离同为两性氧化物的硅和铝。但碱性熔炼法大多需要在高温条件下进行反应，生产运行能耗成本较高；直接以浓碱或固体碱为熔剂，碱介质消耗量大，且难以进行循环利用，生产原料成本较高，熔炼残渣仍需进一步专业处理。

碱性熔炼法回收氧化铝原理：

$$Al_2O_3 + Na_2CO_3 \longrightarrow Na_2O \cdot Al_2O_3 + CO_2\uparrow \tag{4.36}$$

$$Fe_2O_3 + Na_2CO_3 \longrightarrow Na_2O \cdot Fe_2O_3 + CO_2\uparrow \tag{4.37}$$

$$HCOONa + NaOH \longrightarrow Na_2CO_3 + H_2\uparrow \tag{4.38}$$

氟固化过程：

$$Ca(OH)_2 + 2NaF \longrightarrow CaF_2 + 2NaOH \tag{4.39}$$

酸法的优点是工艺简单、试剂价格低，但是由于酸性条件下大部分杂质会被溶解进入溶液，导致氧化铝纯度低，而且产出大量废液需要处理。碱法总体来说产品纯度高于酸法，但是碱耗相对大。碱性熔炼法生产运行成本较酸法和碱法都高很多。总体来说，不管是酸浸还是碱浸，工艺流程都很复杂，铝灰处置企业技术要求较高。

4.4.3 碱性两段法铝灰协同拜耳法生产氧化铝

4.4.3.1 铝灰与碱反应提取氧化铝

铝灰与水反应微弱，但与铝酸钠溶液直接接触时，反应较为剧烈，有大量的气泡产生，主要气体为 NH_3 和 H_2，反应在 5 min 以内已接近完成，因此建议控制一次给料在 30 g/L 以内。

随反应温度升高、反应时间的延长，铝灰中铝的溶出率逐渐升高，最高溶出率 60%，少量铝被刚玉型氧化铝包裹，而刚玉型氧化铝、铝镁尖晶石和二氧化硅等不参与反应。反应式如下：

$$AlN + NaOH + 3H_2O \longrightarrow NaAl(OH)_4 + NH_3\uparrow \tag{4.40}$$

$$2Al + 2NaOH + 6H_2O \longrightarrow 2NaAl(OH)_4 + 3H_2\uparrow \tag{4.41}$$

$$Si + 2NaOH + H_2O \longrightarrow Na_2SiO_3 + 2H_2\uparrow \tag{4.42}$$

铝灰与碱溶液反应，有大量的 NH_3 和 H_2 产生，氢气的产生量不大于 0.2 L/g，氨气的产生量不大于 0.05 L/g。

铝灰中活性铝灰直接与铝酸钠溶液接触，活性铝与碱反应生成铝酸钠溶液，直接进入拜耳法生产系统回收氧化铝，而铝灰中的氟主要以氟化钙（萤石）等难溶化合物存在，所以其在溶出液中存在极其低。铝灰中的氯主要以 NaCl 的形态存在，由于 NaCl 有极好的溶解性能，因而一段溶出过程中氯全部进入溶液中。

4.4.3.2 二段铝灰与碱烧结提取氧化铝

在小于 900 ℃下进行熟料烧结，熟料中还含有氧化铝物相；1000 ℃烧结时，氧化铝均转化为铝酸钠。硅与铝生成一种 $Na_{1.95}(Al_{1.95}Si_{0.04}O_4)$ 化合物，剩余的铝转化为铝酸钠。

若生料浆配置过程中，含有一定量的有机物，在 1000 ℃熟料烧结时，有 30%左右的氟进入尾气，有 35%的氯进入尾气。

在烧结温度为 1000 ℃时，Al_2O_3 的溶出率为 98.16%左右，Na_2O 的溶出率为 95.73%，随着烧结温度的升高，Al_2O_3、Na_2O 和 SiO_2 的浓度逐渐升高，溶出率升高。在熟料溶出中，溶出渣的主要物相是氧化镁、碳酸钙、钛酸钙、铝镁尖晶石和氧化铝。在 1000 ℃烧结的熟料，溶出后渣率在 8%~10%。

4.4.3.3 生产工艺

该技术应用“一段活性溶出+二段熟料烧结溶出”工艺处理铝灰。具体工艺为：电解厂运来的铝灰用斗式提升机送入铝灰仓进行储存，然后通过仓底定量给料机送进调配槽与工业新水按固含 1000 g/L 制浆，制好的铝灰浆均匀加入溶出罐，同时加入分解母液（溶出罐固含按 30 g/L 控制），在一定温度、压力下进行一段溶出。溶出过程产生的 NH_3 和 H_2 先进入氨气吸收塔，经两次吸收处理，NH_3 进入水中成为氨水送热电厂锅炉氨法脱硫系统，剩余的 H_2 送拜耳法焙烧炉，与煤气混合后作为焙烧炉的燃料。溶出后的浆液加入石灰乳，用于增加带式过滤机的过滤能力，同时在熟料烧结过程中 F^- 与 Ca^{2+} 反应生成 CaF_2。一段溶出后的溶出料浆送带式过滤机进行液固分离，滤液送拜耳法的蒸发原液槽；过滤滤饼用赤泥洗水进行洗涤后，加蒸发母液、蒸发排盐、制成合格生料浆喷入烧成窑，在 1000 ℃进行熟料烧结，烧结燃料为天然气。烧结烟气经旋风分级机和电收尘处理后，通过烟囱排入大气；烧结熟料送熟料溶出磨，按 L/S 为 3.0~3.5 添加拜耳一次洗液进行熟料溶出，溶出后的浆液送至转鼓过滤机进行过滤，滤饼随拜耳法赤泥送赤泥堆场堆存，滤液送控制过滤的粗液槽，主要工艺见图 4.10 和图 4.11。

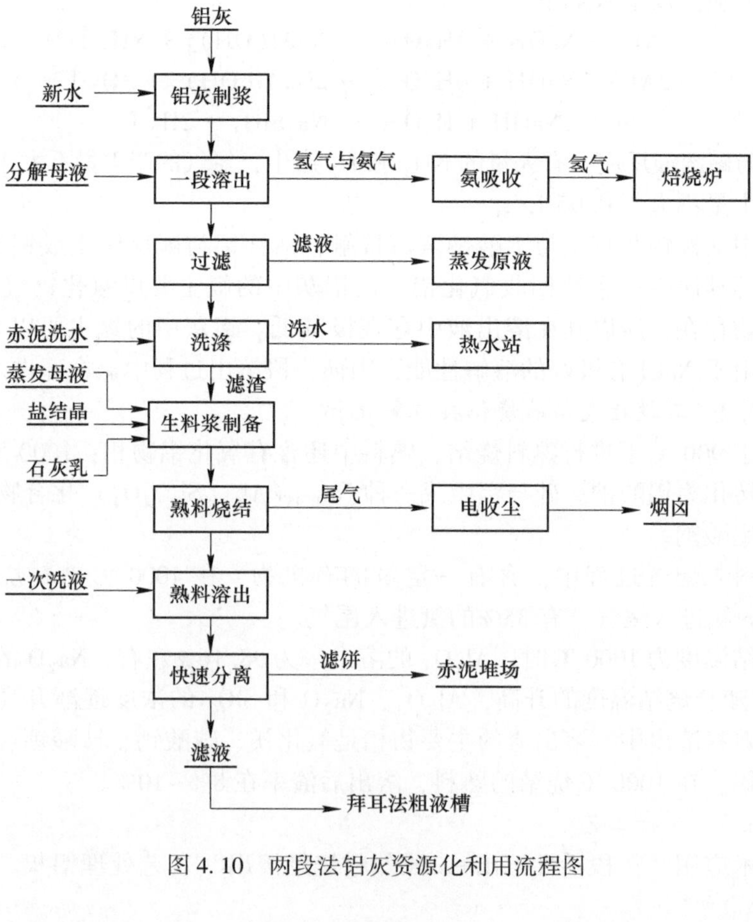

图 4.10　两段法铝灰资源化利用流程图

图 4.11　两段法回收氧化铝工艺

4.4.3.4　主要技术特点

在一段活性溶出过程中，铝灰中的单质铝、氮化铝等活性铝充分回收，减少进入烧结系统的物料量，从而降低能耗。

采用回转窑进行熟料烧结，进一步回收一段溶出环节难以溶出的 α-Al_2O_3，使铝灰中铝的总回收率达到95%以上。

生料浆采用蒸发母液和排盐苛化的碳酸盐结晶配制，可以使蒸发母液和碳酸盐结晶中富集的有机物得到有效处理，每年可减少拜耳法系统有机物量 930 t 左右，约为拜耳法系统矿石带入有机物总量的 70%。

4.4.3.5　有害物质的处理

一段溶出反应中产生大量的氢气与氨气，对于氨气采用两次洗涤回收，氢气作为热工设备燃料。

二段烧结过程中，铝灰中的 F^-将分解进入烟气，在此过程中将产生 HF，导致设备及管道的腐蚀，且不能满足环保的排放要求。在烧结过程中可使 F^-与添加剂反应进入固相，从而进入赤泥。

氯化钠有极好的溶解性能，因而在生料浆配制过程中氯化钠全部溶解进入溶出液中。通过对一段溶出渣的洗涤，减少氯化钠进入生料浆的量，进入生料浆的 Cl^-约 2.82 kg/h。在生料浆的烧结过程中氯化钠中的 Cl^-约 35%进入烧成尾气，65%进入烧成熟料中，在尾气中 Cl^-遇水蒸气生成 HCl（约 0.99 kg/h），尾气中 HCl 气体的浓度（标态）约 44 mg/m^3，远远低于大气排放的要求。在烧成熟料的溶出过程中，熟料中的氯有 70%进入溶出液，随溶出液进入拜耳法系统，剩余的 30%氯进入固相，最终随拜耳赤泥排入赤泥堆场。

一段溶出后的滤液进入蒸发原液系统，经蒸发后参与拜耳法配料；二段熟料溶出液进入拜耳法粗液槽，其 A/S 较低，为 50 左右，但这部分液量较小，约 25 m^3/h，对整个粗液系统的 A/S 影响不大，经对全厂物料平衡进行计算，合流后粗液 A/S 为 200~250。熟料溶出浆液带入拜耳法系统的赤泥量为 2~3 t/h，过滤后进入赤泥外排系统，对外排赤泥附碱指标影响不大。

4.4.4　经济指标

该技术主要经济指标包括：一段溶出水制浆固含、一段溶出料浆固含、一段溶出压力、一段溶出时间、一段溶出液浓度、一段溶出效率、生料浆含水率、生料碱比、烧结温度、熟料容重、熟料溶出液浓度、熟料溶出液 A/S、熟料溶出效率、氨气吸收率、氢气纯度等。

4.4.5　碱性两段法优势

碱性两段法优势如下：

(1) 固氟固氯，实现铝灰无害化处置。采用添加剂和铝灰中的氟等进行反应，对有害元素氟固化随废渣进入赤泥；铝灰中的氯依托氧化铝生产过程的溶出时的副反应，氯以霞石的形式进入赤泥，从而实现了氟、氯的无害化处理。

(2) 两段法处理工艺，实现了铝灰中有价元素的高值化利用。"一段活性溶出+二段烧结熟料溶出"工艺，铝灰中的主要元素铝最终制成冶金级氧化铝，铝元素得到循环利用。烧结过程中含氟盐的收尘灰再次添加到铝电解作为氟盐添加剂实现部分氟盐的循环利用；活性溶出产生的氨气通过洗涤吸收后制成氨水用来脱硫、释放的氢气等可燃气通过洗涤净化后作为燃料燃烧。

(3) 铝灰处置流程嵌入拜耳法氧化铝生产系统，实现了铝灰经济、高效、大规模处置。铝灰处置工艺与氧化铝生产流程相结合，互补性强，经济效益好，得到的主要产品为冶金级氧化铝，作为铝工业的一种基础原材料，市场容量大。

(4) "以废治废"，实现了拜耳法流程中有害惰性碱向活性碱的转化。拜耳法氧化铝生产过程中积累的有机物、碳酸碱等有害杂质与惰性铝灰进行混合烧结，最终实现有机物去除、惰性碱转化和氧化铝回收。

4.4.6　应用前景

目前该技术在云南文山铝业有限公司实施，有一条 5 万吨生产线，项目已稳定运行 4 年多，技术成熟先进。结合氧化铝生产工艺，通过一段溶出+二段烧结回收工艺有效处理铝灰，既回收了铝灰中的铝，又降低了氧化铝系统的有机物，安全处理 NH_3、H_2、Cl^-、F^-等有害元素，安全处理 AlN、Al、Si 等反应生成有害气体的问题。该项目成功后，为我国电解铝行业铝灰提供了安全资源化处理方式，同时又为氧化铝厂有机物去除开辟新的思路，成功破解铝行业世界级的难题，此技术和项目在整个铝行业有非常好的推广应用前景。

4.5 二次铝灰生产净水剂技术

常用净水剂聚合氯化铝，简称聚铝或聚氯化铝，英文缩写 PAC。它的主要成分是氧化铝，化学通式为 $[Al_2(OH)_nCl_{6-n}]^m$（$m \leqslant 10$，$n=1\sim5$）。颜色呈淡黄色、黄色或白色。该产品有较强的架桥吸附性能，在水解过程中，发生凝聚、吸附和沉淀等物理化学过程。

4.5.1 原理

聚合氯化铝是一种无机高分子的多价聚合电解质混凝剂，可视为介于三氯化铝和氢氧化铝之间的一种水解产物。铝的配位水发生水解生成铝的配合物，通过羟基架桥后成为多核配合物，核大量增加成为无机高分子聚合体。利用铝灰制取聚合氯化铝，主要是利用铝灰中的 Al_2O_3 与 HCl 反应生成 $AlCl_3$，其全部反应包括溶出反应、水解反应、聚合反应三个过程。由于铝的溶出，pH 值升高，铝盐发生水解而产生 HCl，使 pH 值下降，这又促使铝的溶出反应继续进行，pH 值随之升高，使相邻两个羟基间发生架桥聚合作用，由于这种作用减少了水解产物的浓度，从而促使水解反应继续进行。其水解反应生成的聚合体与作为外配体的 Cl^- 结合，即形成聚合氯化铝，反应原理如下：

$$AlN + 3H_2O \longrightarrow Al(OH)_3 + NH_3\uparrow \tag{4.43}$$

$$2Al + 6HCl \longrightarrow 2AlCl_3 + 3H_2\uparrow \tag{4.44}$$

$$Al_2O_3 + 6HCl \longrightarrow 2AlCl_3 + 3H_2O \tag{4.45}$$

$$Al(OH)_3 + 3HCl \longrightarrow AlCl_3 + 3H_2O \tag{4.46}$$

随着铝的溶出，pH 值逐步升高，促使 Al^{3+} 发生水解：

$$nAl^{3+} + mOH^- \longrightarrow [Al_n(OH)_m]^{3n-m} \tag{4.47}$$

当 pH 值继续升高到一定值后，在相邻两个 OH^- 间发生架桥聚合：

$$n/3Al(OH)_3 + (6-n)/3AlCl_3 \longrightarrow Al_2(OH)_nCl_{6-n} \tag{4.48}$$

经过试验，以二次铝灰为原料，加入 20%的 HCl 与水进行酸浸反应，最优条件为：物料投加比 $m_{铝灰} : m_{HCl} : m_{水} = 1:4:4$、酸浸温度 85 ℃、酸浸时间 2.0 h，所得酸浸液中铝的浸出率达 60.30%。

向优化条件制得的 20 mL 酸浸液中缓慢滴加质量浓度 15%的 Na_2CO_3 溶液制备聚合氯化铝，当碱化度为 2.4、加碱速率为 3.6 mL/min、加碱时温度为 80 ℃时，聚合氯化铝中有效成分 Al 含量最高，达 57.49%。

用铝灰制取聚合氯化铝技术上是可行的，产品主要质量指标达到了企业标准。由于该反应是一步反应，而且是利用反应自身放热来满足反应温度的要求，具有工艺简单、流程短、节能、无二次污染等特点，达到了化害为利，变废为宝，综合利用的目的。

4.5.2　聚合氯化铝生产工艺

聚合氯化铝的制法很多，按生产工艺可分为酸法、碱法、中和法、热解法、加压反应法、混凝胶法、电渗析法、电解法等[71]。固体聚合氯化铝是将液体聚合氯化铝用喷雾干燥或滚筒干燥得到的，喷雾干燥是比较理想的干燥方式，适于大规模生产，而生产规模较小的生产企业采用滚筒干燥也是可行的。目前我国生产聚合氯化铝的方法主要有金属铝（包括铝灰、铝渣）法、活性氢氧化铝法、三氧化二铝（包括铝矾土、煤矸石等）法、结晶氯化铝法等。

4.5.2.1　金属铝法

所用原料主要是铝加工的下脚料铝屑、铝灰和铝渣等。在工艺上可分为酸法、碱法、中和法三种。目前，我国以金属铝为原料生产聚合氯化铝的厂家大多采用酸法生产。

酸法具有反应速度快、设备投资少、工艺简单、操作方便的优点，但溶液中的杂质含量偏高，尤其是重金属元素含量通常容易超标，产品质量不稳定，设备腐蚀严重。

碱法生产工艺则难度较高，设备投资较大，由于用碱量大，还要大量盐酸中和至 pH 值为 4~5，成本较高，其应用受到一定限制。

中和法是先用盐酸和氢氧化钠与铝灰反应，分别制得氯化铝和铝酸钠，再把两种溶液混合中和，即制得聚合氯化铝液体。用此方法生产出的产品不溶物杂质较少，但成本较高。先用盐酸与铝箔反应，再把得到的氯化铝分为两部分，一部分用氨水调节 pH 值至 6~6.5，得到氢氧化铝后把另一部分氯化铝加入氢氧化铝中使其反应，得到聚合氯化铝液体产品，干燥后得到固体产品，产品的铝含量和盐基度等指标都很高。

4.5.2.2　氢氧化铝法

所用原料主要是拜耳法炼铝过程中的活性氢氧化铝。生产中采用过量的活性氢氧化铝和盐酸，在较高温度（50~180 ℃）和压力（0.5 MPa）下反应制得盐基度为 41.6%~48.6%的液体聚合氯化铝产品，然后经浓缩、烘干即得固体聚合氯化铝产品。

此法生产工艺过程较简单，反应条件也较苛刻，对设备要求较高，腐蚀性强，一般市售搪玻璃反应釜都难以适应，生产中要确保产品质量较为不易。

4.5.2.3　三氧化二铝法

主要原料为三水铝石、铝矾土、高岭土、煤矸石等。此工艺的第一步是得到结晶氯化铝，第二步是通过热解法或中和法得到聚合氯化铝。

利用高岭土生产聚合氯化铝的工艺流程大致分为 3 步：精矿焙烧活化、酸浸、酸浸液调整盐基度生成聚合氯化铝溶液。利用高岭土生产聚合氯化铝，不仅可以产生很好的社会效益和环境效益，而且也有很好的经济效益。以 1 t 精矿计，可生产 1.8 t 液体聚合氯化铝净水剂。

4.5.2.4 结晶氯化铝法

以结晶氯化铝生产聚合氯化铝一般采用沸腾热解法工艺，该法生产能力大。结晶氯化铝经过一定温度加热后，便分解出一定量的氯化氢气体和水分而变成粉末状产物，即聚合氯化铝单体（又称熟料），将熟料加一定量的水搅拌，则在较短时间内固化形成树脂状产物，即聚合氯化铝。沸腾热解法生产聚合氯化铝流程简单、操作方便，但由于生产中使用的结晶氯化铝来源所限，生产成本相对较高，限制了聚合氯化铝的生产。

4.5.2.5 铝灰法

先将铝灰与氢氧化钠反应制得铝酸钠溶液，再用盐酸调 pH 值，制得聚合氯化铝溶液。这种方式制得的产品颜色外观较好，不溶物较少，但氯化钠含量高，原材料消耗高，溶液氧化铝含量低，工业化生产成本较高，主要工艺见图 4.12。

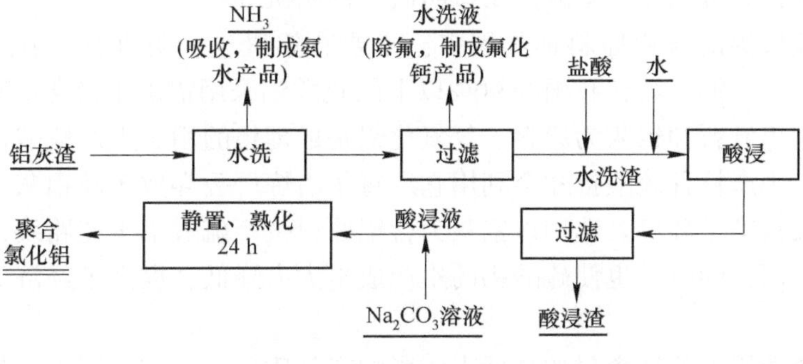

图 4.12 聚合氯化铝生产工艺

4.5.3 聚合氯化铝的应用

（1）用于絮凝。聚合氯化铝被广泛用于水处理的絮凝剂，以除去水中悬浮物及一些有害物质。目前中水回用工艺，常见的如高效沉淀池、混凝沉淀池、磁混凝工艺，一般均使用聚铝作为絮凝剂，配合阴离子聚丙烯酰胺加强混凝作用。市政生活污水目前使用得最多的为低含量的聚合氯化铝，即大货、普货。

（2）用于除磷。向污水中投加化学药剂，使水中磷酸根离子生成难溶性盐，形成絮凝体后与水分离，从而去除水中所含的磷。在具体的反应过程中，包含两个主要的反应过程，首先是三价铝离子通过与磷酸根反应生成沉淀，沉淀的化合

物为 $AlPO_4$。其次是三价铝离子能够出现水解反应，在这一过程中会有正电荷、单核羟基络合物及多核羟基络合物的存在，在经过范德华力及网捕等一系列的作用以后，就能达到比较理想的沉淀效果，达到化学除磷的要求。

(3) 用于脱色。聚合氯化铝还常被用于污水的脱色。特别是有机颜色溶液的脱色，在制药等行业废水的脱色处理上有着很好的效果。

(4) 脱泥。联合弱阳或阴离子聚丙烯酰胺，用于剩余污泥的脱水。据相关实验研究表明，使用 PAC 联合阴离子聚丙烯酰胺可对剩余污泥脱水。

4.6　二次铝灰制备硫酸铝技术

4.6.1　硫酸铝概述

硫酸铝是无机盐基本品种之一，其应用十分广泛，且产量逐年增加。工业硫酸铝主要用于净水与造纸，在造纸工业中可作纸的填料和处理造纸工业废水；在净水方面，作为城市用水和废水处理的絮凝剂，可以除去水中的磷酸盐、锌、铬等杂质，以及除菌、控制水的颜色和气味。硫酸铝还可以用来生产其他铝盐、硫酸铝衍生物，无机高分子絮凝剂及铵明矾、钾明矾等[72]。

生产硫酸铝的含铝原料种类繁多，主要有铝矾土、明矾石、氢氧化铝、铝灰、煤矸石等。据了解，我国约 90%以上的硫酸铝采用铝矾土为含铝原料，有部分厂家采用煤矸石和铝灰为原料。氢氧化铝是最理想的用于生产硫酸铝的含铝原料，但只有生产特种硫酸铝才会利用它。每年冶炼厂丢弃数千吨铝灰，这既浪费了资源，又污染了环境。选用以铝灰为含铝原料生产硫酸铝工艺路线，使铝灰得到资源化利用，同时，也使硫酸铝的生产成本大大降低，提高了经济效益和社会效益。

工业硫酸铝中的铁含量的高低直接影响产品质量。目前，国内外都在寻找一种既经济又有效的除铁方法，使其达到优级品或一级品。选用以铝灰为主要原料与硫酸反应制取硫酸铝，采用共沉法除铁，得到了较好的结果。

4.6.2　原理

铝灰在一定条件下与硫酸作用生成硫酸铝，同时发生如下反应：

$$2Al + 3H_2SO_4 = Al_2(SO_4)_3 + 3H_2\uparrow \quad (4.49)$$

$$Al_2O_3 + 3H_2SO_4 = Al_2(SO_4)_3 + 3H_2O \quad (4.50)$$

$$Fe_2O_3 + 3H_2SO_4 = Fe_2(SO_4)_3 + 3H_2O \quad (4.51)$$

$$CaCO_3 + H_2SO_4 = CaSO_4 + CO_2\uparrow + H_2O \quad (4.52)$$

$$MgCO_3 + H_2SO_4 = MgSO_4 + CO_2\uparrow + H_2O \quad (4.53)$$

4.6.3 工艺流程

采用酸浸法从二次铝灰中提取铝时，可以通过预处理及控制酸浓度、酸浸时间、配料比、反应温度等来提高铝浸出率，其浸出最佳工艺条件为硫酸浓度 25%～30%，反应温度为 100 ℃，此时铝灰的铝提取率可达到 76%，主要工艺见图 4.13。

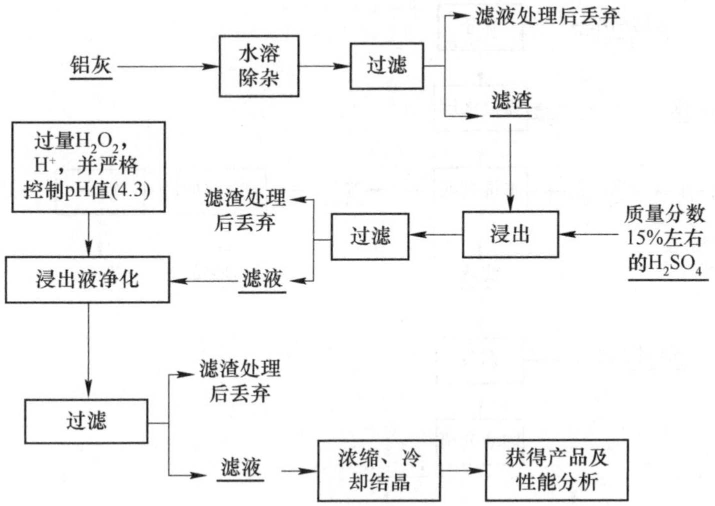

图 4.13 铝灰制备硫酸铝工艺流程

采用亚铁氰化钾沉淀法进行除铁，可有效除去硫酸铝中铁杂质，当其配料比达到 1.4 时，含铁量从 0.2%降至 0.005%，除铁效果可达到 98%，可得到符合 HG 2227—2004 的硫酸铝产品。

4.7 二次铝灰提取工业盐技术

4.7.1 原理及工艺流程

二次铝灰通过添加调节剂、催化剂在高效连续多段反应器内进行水解浸出反应，并通过精准调控反应温度和反应时间等工艺条件，实现活性组分催化强化分解及可溶盐类的快速浸出，达到活性组分和可溶盐组分高效分离的目的。其中，二次铝灰分解释放的氨气经氨吸收系统制备成 20%浓度的氨水产品；活性组分分解释放的氢气、甲烷等可燃气经集气系统收集作为二次燃料使用；可溶性盐类经过提纯及蒸发结晶制备成铝用精炼剂产品；二次铝灰处理后的惰性渣则经分离烘干制备成高铝料，氧化铝含量大于 75%，可作为高品质铝土矿的替代产品制备成耐火材料、水处理剂用铝酸钙、冶金精炼剂等产品，实现铝灰的增值利用，主要工艺见图 4.14。

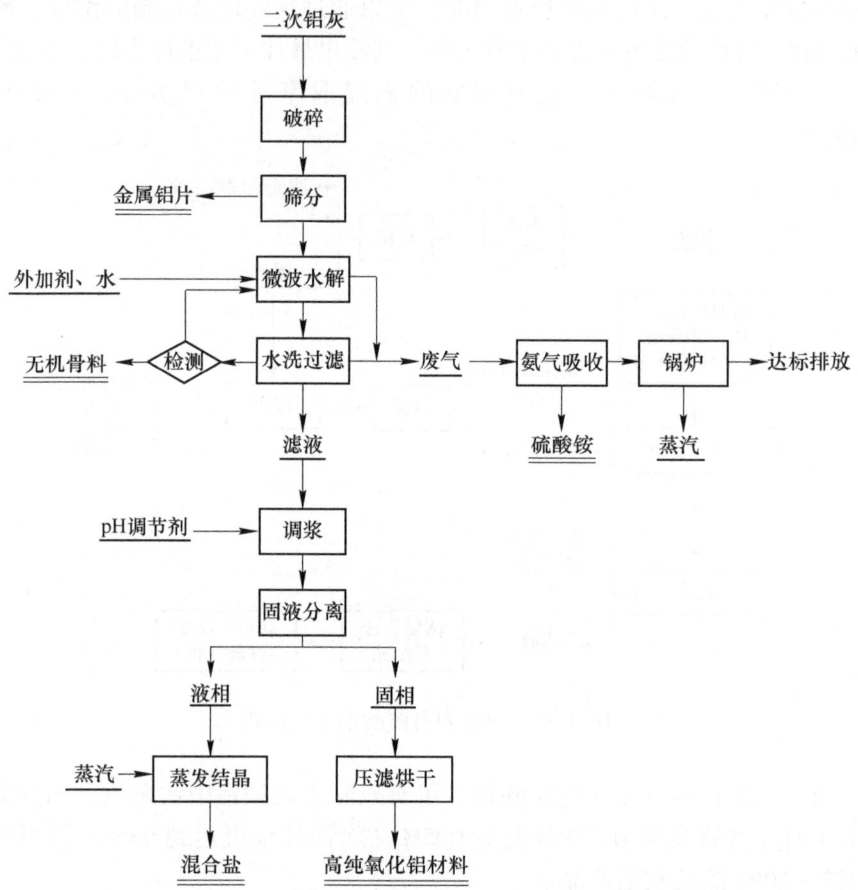

图 4.14　二次铝灰提取工业盐工艺流程图

除盐过程，也可以采用微波促进铝灰水解反应，达到脱氮除盐的目的，将铝灰无害化处理的同时得到高纯氧化铝材料，能够完全实现活性组分的解离和盐组分的浸出，制得的高纯氧化铝材料杂质含量少，产品纯度较原湿法工艺提升明显，可以作为包括刚玉、电解铝的优质铝质原料，无次生废物产生。筛分得到的金属铝片供给金属铝生产，蒸发结晶得到的混合盐作为铝加工的助熔剂，氨气通过稀硫酸吸收得到的硫酸铵作为产品外售处理，完全实现了铝灰的资源再利用。

目前河南明泰铝业铝灰处置采用此工艺，该项目年处置铝灰 5 万吨，主要回收混合盐，渣仍然需要相关资质单位处置，另外该技术主要处理合金铝灰，其含盐量高，回收效率相对高，但蒸发成本也相对高，产品经济价值一般。

4.7.2 特点

采用多段连续催化强化水解浸出工艺，促进铝灰中活性组分的深度解离和盐组分浸出，处置更彻底、更高效。经处理得到的高铝料，氧化铝含量高、杂质含量较少，达到高品位铝矾土的使用要求，可作为中间产品用于制备耐火材料、净水剂、建材和冶金助剂等，实现了铝灰全量化资源利用。工艺简单，系统安全可靠，无二次污染，梯级全量化利用二次铝灰处理过程气、液、固组分，实现产品清洁增值和废物零排放。但存在工艺流程长、投资成本较高、占地面积较大、产品纯度问题。

4.8 二次铝灰生产耐火材料技术

4.8.1 制备耐火材料

随着大规模开采，制备耐材的主要原材料铝矾土资源逐渐减少，研究人员发现二次铝灰中 Al_2O_3 含量很高，同时其中还含有 CaO、MgO 等物质，这些物质都是制备耐火材料必备物质[73]，所以铝灰可以代替铝矾土来制备常用耐材。

（1）制备 Sialon 陶瓷。Sialon 陶瓷以其优秀的性能备受陶瓷界追捧。这一切都源于它有较高的强度和硬度、耐高温性突出、热学性能和电学性能较为优良等。李家镜[74]将铝灰和金属硅按一定比例混合，制得了物相较好的 Sialon 陶瓷，该陶瓷的各项性能都较为良好，密度、维氏硬度、抗折强度、断裂韧性都达到 Sialon 陶瓷标准。

（2）制备镁铝尖晶石（MA）。通过 $MgO\text{-}Al_2O_3$ 二元相图可以了解到，MA 在 $MgO\text{-}Al_2O_3$ 二元相图中存在唯一形式化合物。根据 MA 理论组成，当 MgO 含量过多时，会形成方镁石-尖晶石型共存体；当 Al_2O_3 含量过多时会形成氧化铝-尖晶石型固溶体。MA 晶体的饱和结构，使其具有良好热震稳定性能、耐化学侵蚀性能和耐磨性能，能够在氧化或还原气氛中保持较好的稳定性。

4.8.2 铝灰生产铝镁尖晶石原理及工艺

铝灰生产铝镁尖晶石原理及工艺如下：

（1）水洗回收二次铝灰中氯、氟化物及氮化铝水解。铝灰中存在较多可溶性盐元素，这些元素主要以氯化盐和冰晶石等可溶于水的化合物形式存在，选用去离子水对铝灰进行水洗，去除二次铝灰中可溶性盐和少量的 AlN，AlN 水解方程式如下：

$$AlN + 3H_2O \xlongequal{} Al(OH)_3 + NH_3\uparrow \tag{4.54}$$

$$NH_3 + H_2O \rightleftharpoons NH_4^+ + OH^- \tag{4.55}$$

从式（4.54）中可以看出，AlN 在水解过程中会生成 NH_3，NH_3 极易溶于水并且会电离出 OH^- 使溶液显弱碱性；后续需水洗对氨气进行回收，主要工艺见图 4.15。

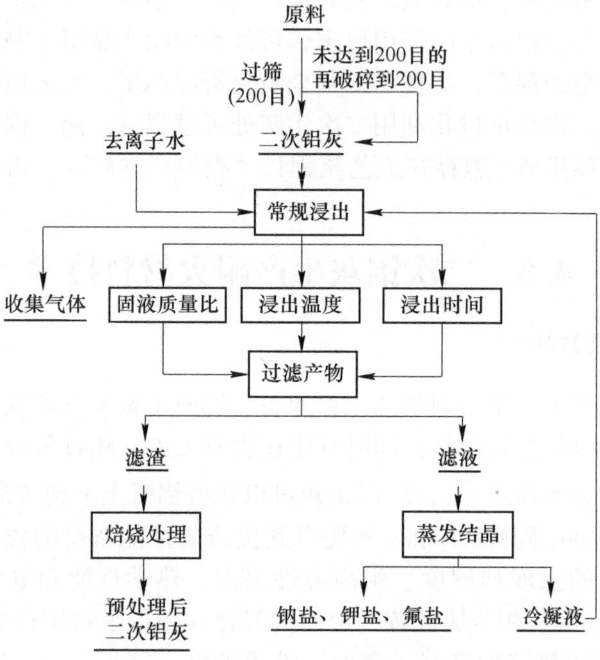

图 4.15　水洗工艺流程图

（2）对水洗后二次铝灰进行焙烧处理。水洗可去除大部分可溶性盐元素，AlN 部分水解生成 $Al(OH)_3$，而对于制备耐火材料而言，剩余的杂质元素对于制备高品质耐火材料依然存在影响，如氟化物、氯化物、AlN 和 $Al(OH)_3$，它们会在高温下生成气体，所以需进行焙烧处理。其对应化学方程如下：

$$4AlN + 3O_2 = 2Al_2O_3 + 2N_2\uparrow \tag{4.56}$$

$$2Al(OH)_3 = Al_2O_3 + 3H_2O\uparrow \tag{4.57}$$

（3）制备铝镁尖晶石耐火材料。MA 材料性能与其晶相组成密切相关，根据 Al_2O_3-MgO 二元相图来确定 MA 中铝镁质量比。MA 是体系中的一个中间化合物，其熔点在 2135 ℃以上；MA 理论组成质量比为 71.7%（Al_2O_3）：28.3%（MgO），预处理后存在少量杂质如 Si、Na、K、Ca 等元素，需考虑固相反应的影响。

在处理后铝灰中配加 10%的 MgO，1650 ℃烧结 1 h 能够形成含量较高的镁铝尖晶石，配加 20%的 MgO 时，在 1450 ℃下就能形成含量较高的镁铝尖晶石相，由钠长石和霞石构成的杂质相含量最少，配加 30%的 MgO 时会出现镁橄榄石（Mg_2SiO_4）相，其中 1650 ℃时会转变液相，恶化耐火材料性能。配镁量 20%，烧结温度 1550 ℃，保温时间 5 h，此时 MA 材料平均抗折强度为 76.525 MPa，MA 物相生成量都达到 92%以上，体积密度为 3.06 g/cm^3、气孔率为 14.35%。制备 MA 材料影响因素大小和影响显著性顺序均为配镁质量分数>烧结温度>保温时间。对比实验结果分析可知，未处理二次铝灰制备 MA 材料微观形貌与平均物理性能达不到国际耐火材料标准。

对配镁质量比进行二次优化后，最佳配镁质量分数为 24%，MA 材料的体积密度增加到 3.27 g/cm^3，显气孔率从 14.35%降低到 10.32%，试样抗折强度从 76.325 MPa 升高到 92.63 MPa。

对烧结温度进行二次优化后，最佳烧结温度为 1625 ℃，MA 晶粒尺寸明显长大，晶粒尺寸平均在 10 μm 以上。随着烧结温度的提高，MA 材料的体积密度从 3.29 g/cm^3 增大到 3.39 g/cm^3，显气孔率从 10.03%降低到 9.06%，试样抗折强度从 93.71 MPa 升高到 100.13 MPa，此时抗折强度达到最大值。

对保温时间进行二次优化后，最佳保温时间为 6 h，试样体积密度达到最大值 3.42 g/cm^3，显气孔率达到最小值 8.83%，体积密度增加到 3.27 g/cm^3，显气孔率从 14.35%降低到 10.32%，试样抗折强度从 101.16 MPa 升高到 106.72 MPa。

4.8.3 生产耐火砖工艺

铝灰生产的耐火砖以铝灰为主要原料，先将铝灰低成本地砂化、粒化成一定硬度颗粒，然后添加耐高温成分，其中，原料配比铝灰 70%~85%、高温结合剂 10%~20%、成型黏结剂 3%~10%，高温结合剂为高温黏土，成型黏结剂为铝溶胶溶液。铝溶胶溶液的质量浓度为 10%~15%。要求铝灰、高温结合剂和成型黏结剂混合均匀，得到耐火砖混合料；将耐火砖混合料填布在压机的金属砖模具中，一次加压成型，成型压力为 30~50 MPa。压制成型后的砖坯烘干温度为 110 ℃，烘干时间为 8~10 h，最后经过 1150~1200 ℃温度烧成，烧成时间为 60~90 min。高温烧成冷却集成耐火砖。

4.9 二次铝灰生产建筑材料技术

4.9.1 制备常用建材

4.9.1.1 制备陶瓷清水砖

陶瓷清水砖具有良好的保温、隔热、隔声等性能，将铝灰作为原料制得了性价比较高的陶瓷清水砖。实验原料主要为铝灰及不同成分的烧成助剂，将两者混匀后，通过压样机在不同压力下压制成型，最后煅烧制备出成品。结果表明：利用该方法烧制的陶瓷清水砖性能极其优良，具有较高的强度、吸水率。将废铝灰作为生产陶瓷清水砖的原料，可大大降低生产成本，而且制备的产品性能优良，为铝灰的回收利用开辟了新途径[75-77]。

4.9.1.2　制备硫铝酸盐水泥

硫铝酸盐水泥以高抗渗、高抗冻、耐腐蚀等优良性质被广泛应用。将脱碱赤泥、脱硫石膏、铝灰、电石四种固废材料混合来制备硫铝酸盐水泥，需要对预料进行预处理去除其中的杂质元素。先对混合料进行湿法粉磨，对其实行压滤，制得硫铝酸盐水泥生料；之后对成分校正，得到浆液；将浆液压滤，去除多余的水分，在回转窑中煅烧得到硫铝酸盐水泥熟料。研究发现，煅烧温度为 1250～1300 ℃时效果最佳[78]。

4.9.1.3　制备路用材料

在实验室条件下将铝灰、石灰、统砂三种材料进行配比，并做了大量实验，最后得到了铝灰、石灰、统砂最佳配比方案为 17∶7∶76。对实验组进行无侧限抗压强度实验，结果表明，影响强度的主要为铝废渣的加入量，其次是石灰和砂。在对实验进行实际应用时，应注意在不同的交通负荷下，路面能承受的压力的最大值来进行配料。铝灰作为路用材料还在起步阶段，实验效果良好，但还应该进行跟进实验，同时在实验过程中还存在很多问题，如对于环境还有一定量的污染，水消耗量大的等问题都有待解决[79]。

4.9.2　制备免烧砖工艺技术

随着我国国力的日益昌盛，国家对土地资源的保护力度逐渐增加，国家坚持走绿色发展、着力改善生态环境的新路子。免烧砖主要取代黏土砖、烧结砖用作建筑墙体砌筑[80-81]。免烧砖因为时限不同，技术条件差异，有狭义和广义两个说法。免烧砖按结构特点分为实心免烧砖、空心免烧砖和微孔发泡砖。实心免烧砖是免烧砖的主要品种，它的优点是成型简单、方便使用；缺点是体积密度大、耗费原料、运营成本偏大。空心免烧砖多孔、密度小、原料少、制作成本低廉。根据免烧砖的养护工艺可将免烧砖分为蒸压砖、蒸养砖、自然养护砖[82-89]。蒸压砖相比后两者有着相对高的温度、湿度优势，所制作的免烧砖成品强度高，效果好。蒸压砖厂出砖量大，但投资较大，不适合小型投资者。蒸养砖有相对不高的蒸养温度和湿度。蒸养砖对蒸养设备要求不是很高，适用于中小投资企业。自然养护砖生产成本低廉，只需相对恒温的场地即可。

免烧砖生产的制备流程由以下几道工序组成：原材料预处理、配料、预搅拌、二次搅拌、压制、养护，主要工艺见图 4.16。

压制成型就是将物料通过制砖机压制成砖块，成型决定了砖块的平整度、光滑度、内在品质，成型是影响制品的强度及综合性能的关键工序之一。性能较好的免烧砖成型机和工艺条件可以制出性能优异的免烧砖。成型工艺决定了免烧砖的外观质量。

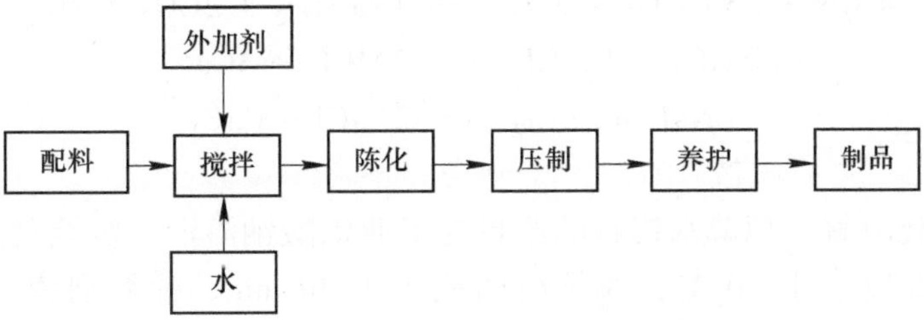

图 4.16 免烧砖生产工艺流程图

4.10 二次铝灰生产特种氧化铝技术

4.10.1 二次铝灰生产拟薄水铝石

拟薄水铝石又称假一水软铝石（γ-AlOOH），是一类不完全结晶的水合氧化铝，具有高比表面积、大孔隙率、良好的胶溶性能及酸化触变凝胶等特点[90]，在石油化工催化剂、精细陶瓷、造纸、建筑和环保行业都有广泛应用[91-94]。拟薄水铝石的常用制备工艺包括：醇铝法[95-96]、双铝法[97]、碳化法[98-100]、酸碱法[101]等。醇铝法能得到纯度较高、晶型良好的拟薄水铝石[102]，但存在生产成本较高、重复效率低的问题；相对高成本的醇铝法，在成本较低的无机铝法中，双铝法和酸法存在杂质多和制备条件对设备有腐蚀的问题；碳化法存在固、液、气三相的反应过程，具有难以控制和产品质量不稳定的问题[103-106]。因此，拟薄水铝石的制备工艺不仅要保证产品质量，还应考虑成本投入。碱法制备工艺，不仅具有原料价廉易得和操作简单的特点，还能通过优化工艺制备出达到良好理化性能的拟薄水铝石[107-109]。

4.10.1.1 制备原理

铝灰由行星球磨机破碎，过 100 目（150 μm）筛，按 Na_2CO_3：铝灰混合质量比为 6：4 和 $CaCl_2$：铝灰混合质量比为 10：1，向铝灰中加入 Na_2CO_3 和 $CaCl_2$ 混合，在可程式箱式电阻炉中以 850 ℃焙烧 2 h，使铝灰中铝单质和化合物转化为偏铝酸钠，氟化物固定为氟化钙；取出焙烧铝灰，在水热条件下加入质量浓度为 3%的 NaOH 溶液浸出 2 h 得到 $NaAlO_2$ 溶液。碱浸后抽滤，回收的铝灰渣用去离子水多次洗涤，在 120 ℃下常压干燥 4 h 后进行物化分析；抽滤得到的 $NaAlO_2$ 溶液用于制备拟薄水铝石[110-113]，处理过程的反应式如下[114]：

$$AlN + 3H_2O = Al(OH)_3 + NH_3\uparrow \tag{4.58}$$

$$Al_2O_3 + Na_2CO_3 \longrightarrow 2NaAlO_2 + CO_2\uparrow \tag{4.59}$$

$$4Al + 2Na_2CO_3 + 3O_2 \longrightarrow 4NaAlO_2 + 2CO_2 \tag{4.60}$$

$$4AlN + 2Na_2CO_3 + 3O_2 \longrightarrow 4NaAlO_2 + 2CO_2 + 2N_2 \tag{4.61}$$

$$2AlF_3 + 3CaCl_2 = 2AlCl_3 + 3CaF_2 \tag{4.62}$$

$$2NaF + CaCl_2 = 2NaCl + CaF_2 \tag{4.63}$$

4.10.1.2 工艺流程

（1）碳化分解。拟薄水铝石的原料为工业铝酸钠溶液，沉淀剂为二氧化碳。初始分解温度应小于 40 ℃，通气时间应小于 20 min，稀释剂浓度应为（45±5）g/mL，这三点是拟薄水铝石生产分解过程中的关键点。

（2）高温老化。碳化溶液温度应提高到 90 ℃以上，老化时间为 3~4 h。高温的目的是使其易于洗涤，保证胶溶指标合格，使拟薄水铝石的晶型更加完善，防止形成杂相。

（3）分离洗涤。分离和洗涤过程中使用的设备是压滤机和搅拌槽。目的是将老化的拟薄水铝石浆液从液体和固体中分离出来，母液返回氧化铝生产过程，固体进入搅拌槽，加水升温，搅拌洗涤除去附着的碱。

产品中固体氧化钠含量是拟薄水铝石产品的一个重要指标，其来源于湿产品附着水的碱含量。在连续生产中，要求最后一次洗涤液的总碱指数小于 0.3 g/mL，以保证产品中固体碱含量小于 0.3%。因此，在清洗过程中，在卸下压滤机前，吹扫效果应明显，以尽量减少附着含水量。洗涤过程中，搅拌温度高于 85 ℃，搅拌时间不少于 20 min，使附着的碱溶解在洗涤水中，经洗涤分离除去。

（4）干燥包装。拟薄水铝石的含水率要求为 20%±2%。现在用于干燥产品的设备是强化干燥机，热源为蒸汽预热和电加热，要求干燥器废气温度 100~200 ℃。干燥机进料均匀，调整进料速度，保证废气温度参数，保证产品水分含量达标。

4.10.2 制造超细氧化铝

纳米氧化铝是一种具有独特物理化学性质的高科技材料，因其颗粒尺寸在 1~100 nm 之间，展现出普通氧化铝所不具备的优异特性，如高比表面积、高硬度、耐腐蚀性、高绝缘性、良好的抗氧化性和与多种材料的相容性。纳米氧化铝表面积大、吸附能力强，适合用作催化剂载体和吸附材料，其化学稳定性高、耐腐蚀性强、表面富含羟基，可进行多种化学改性应用。

到目前为止，国内外对于纳米氧化铝的制备有很多种方法，总体上可以分为三大类，即气相法、液相法和固相法。固相法和液相法对设备要求较高，生产中有一定的局限性[115-117]。可以预计，在不久的将来，纳米氧化铝的制备技术将会在众多科研工作者的努力下产生新的突破，从而使其在工业生产及许多高科技尖端行业开辟出更加广阔的应用前景。

4.10.2.1 铝灰制备纳米氧化铝原理

从铝灰中回收铝制备氧化铝粉体，首先分析测定铝灰的成分，再酸浸提铝灰，并分离料浆，净化滤液。

反应1：

$$Al_2O_3(s) + 3H_2SO_4(l) \xlongequal{} Al_2(SO_4)_3(l) + 3H_2O \tag{4.64}$$

然后将滤液与碳酸氢铵反应，用氨水调 pH 值，生成碳酸铝铵沉淀和硫酸铵溶液。见反应2：

$$Al_2(SO_4)_3 + 8NH_4HCO_3 \xlongequal{} 2NH_4AlO(OH)HCO_3\downarrow + 3(NH_4)_2SO_4 + 6CO_2\uparrow + 2H_2O \tag{4.65}$$

碳酸铝铵沉淀煅烧形成氧化铝。见反应3：

$$2NH_4AlO(OH)HCO_3 \xlongequal{} Al_2O_3 + 3H_2O + 2CO_2\uparrow + 2NH_3\uparrow \tag{4.66}$$

蒸发硫酸铵溶液将析出硫酸铵晶体。

4.10.2.2 工艺流程

此工艺过程主要包括4段：（1）酸浸取；（2）过滤除杂；（3）制备氧化铝；（4）煅烧。主要工艺见图4.17。

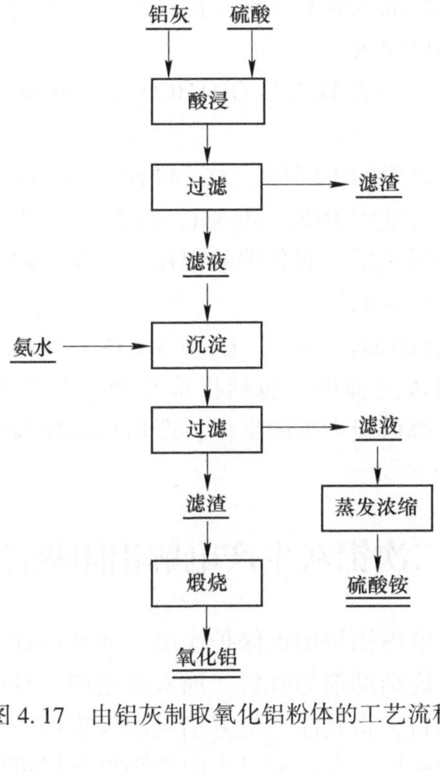

图4.17 由铝灰制取氧化铝粉体的工艺流程

4.10.3 铝灰制备高纯氧化铝

高纯氧化铝[118-120]是指氧化铝含量在99.9%以上的氧化铝，其结构精细、组织均匀、晶体结构可控及相变可控，而且其硬度高、密度大，有良好的耐腐蚀性和耐热性，常用于制作开关、绝缘材料、电容器、集成电路，以及功能陶瓷制热敏元件、红外传感器、生物传感器、温度传感器等；单晶高纯氧化铝粉[121-123]还可用于制作液晶面板。

硫酸浸取铝灰过程可能发生反应如下：

$$Al_2O_3(s) + 3H_2SO_4(l) = Al_2(SO_4)_3(l) + 3H_2O(l) \tag{4.67}$$

$$2Al(s) + 3H_2SO_4(l) = Al_2(SO_4)_3(l) + 3H_2(g)\uparrow \tag{4.68}$$

$$2AlN(s) + 3H_2SO_4(l) = Al_2(SO_4)_3(l) + 2NH_3(g)\uparrow \tag{4.69}$$

$$Fe_2O_3(s) + 3H_2SO_3(l) = Fe_2(SO_4)_3(l) + 3H_2O(l) \tag{4.70}$$

$$CaCO_3(s) + H_2SO_4(l) = CaSO_4(l) + CO_2(g)\uparrow + H_2O(l) \tag{4.71}$$

浸取过程的影响因素有硫酸浓度、硫酸用量、浸取时间、浸取温度、铝灰粒度等。

因采用硫酸浸取铝灰，所得硫酸铝溶液呈强酸性，需要调节其 pH 值，以便于氢氧化铝的析出。之后加入碳酸氢铵，搅拌使其充分反应，生成白色氢氧化铝沉淀。该过程中发生的反应为：

$$Al_2(SO_4)_3 + 8NH_4HCO_3 = 2NH_4AlO(OH)HCO_3\downarrow + 3(NH_4)_2SO_4 + 6CO_2\uparrow + 2H_2O \tag{4.72}$$

碳酸铝铵是生产氧化铝的中间体，为了得到更多的碳酸铝铵，就要使反应尽可能地正向进行，因此溶液中 HCO_3^- 和 NH_4^+ 浓度应尽可能地大。

利用硫酸铝与碳酸氢铵反应制备碳酸铝铵，过滤干燥，然后煅烧得到氧化铝粉体，煅烧过程发生的反应如下：

$$2NH_4AlO(OH)HCO_3 = Al_2O_3 + 3H_2O + 2CO_2\uparrow + 2NH_3\uparrow \tag{4.73}$$

在氧化铝的生产制备过程中，包括反应形核、晶粒生长、洗涤、分离、干燥、煅烧等的每个阶段都可能产生团聚体，严格控制颗粒形状、尺寸分布，以得到高品质的氧化铝粉体。

4.11　二次铝灰生产电解铝阳极涂层技术

利用铝灰铝渣制备电解铝炭阳极保护涂层，涉及一种有色金属冶金熔盐电解涂层，以铝灰铝渣及其烧结助剂为骨料，加入黏结剂、悬浮剂、外加剂和适量的水搅拌均匀后制备成涂料，将其涂在电解铝炭阳极表面，干燥后在电解过程中烧结成电解铝炭阳极保护涂层。在电解过程中炭阳极涂层可延缓炭阳极在空气中氧化，延长阳极的使用寿命，减少炭阳极的额外消耗，有效地保护阳极炭块和钢爪，解决铝灰铝渣堆积污染环境的难题，充分利用铝灰铝渣替代部分氧化铝，见图4.18。采用阳极涂层保护阳极，可减少阳极与空气的接触，还可用于解决铝电解过程中预焙阳极的额外消耗造成的炭渣问题。

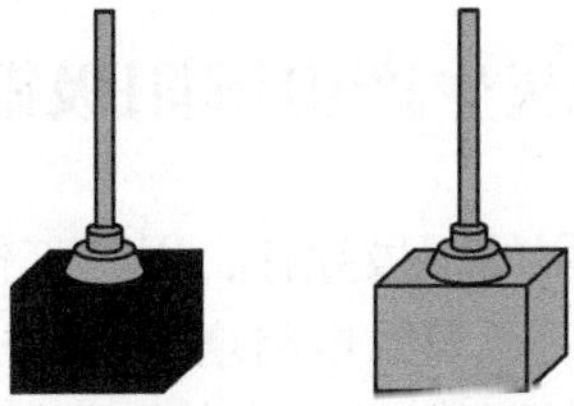

图 4.18 阳极涂层保护

以铝灰为原料的阳极、钢爪保护涂层料，其配方成分及所占质量分数为：铝灰洗涤渣 40%~50%、氧化铝 1%~3%、氧化钙 2%~6.5%、硅藻土 3%~8%、氮化硼 3%~5%、分散剂 2%~3%，余量为黏结剂，无害化处理铝灰洗涤渣，其无害化处理方法如下：将铝熔铸产生的铝灰与水按质量比 1∶(1~10) 进行调浆得到矿浆，将矿浆置于加压反应釜中，于温度 80~200 ℃、压力 0~1.0 MPa 下加压水浸反应 0.1~4 h，经减压蒸发、液固分离后得到浸出渣，浸出渣经多段逆流洗涤、液固分离后得到洗涤渣。

制备方法：

(1) 涂料制备。将经过无害化处理后的铝灰洗涤渣采用 200 目的筛子进行筛分干燥后与氧化铝、氧化钙、硅藻土、氮化硼按照所述比例混合均匀，加入所述黏结剂混合搅拌 10~15 min，制成得到涂料浆料。

(2) 涂刷。将涂料浆料转入高效砂浆喷涂机中，用砂浆喷涂机将涂料均匀地喷涂于铝电解阳极炭块除底部以外的四周及上部、钢爪各部位、阳极钢爪与磷铁环的结合部位。

(3) 干燥。在温度为 30~40 ℃的环境下自然干燥 30~40 h。

以铝灰为原料的阳极、钢爪保护涂层及其制备方法具有以下优点：

(1) 涂料具有抗氧化性好、高温强度高、配制方便、易操作等优点。

(2) 铝灰为铝及铝合金产品生产过程中产生的一种浮渣，生产过程常将其作为废弃物处理；保护涂料主要成分为铝灰，实现了铝灰资源化回收利用，保护了生态环境，降低了生产成本。

(3) 以硅溶胶和水玻璃混合物作为黏结剂，有效提高涂层的耐高温性、黏结性及成膜性，能增加涂层浆料的流动性及致密度。

(4) 将制备完成的涂料直接涂覆于阳极、钢爪表面，省去了制备保护环的工序，操作方便，大幅降低了工人劳动强度，同时大幅降低了阳极氧化，减少阳极掉渣对电解槽的干扰。

4.12　二次铝灰生产电解阳极钢爪保护环技术

目前国内大型预焙槽所用的阳极导杆，因其工作环境温度高，普遍存在氧化严重的问题，而阳极氧化之后，导致电阻增大，耗电量增加，同时氧化铁进入电解槽中引起铝产品铁含量增加，维修、更换钢爪的费用也大量增加，造成电解成本升高。为克服上述缺陷，各地普遍使用炭素保护环，但是炭素环造价和安装费用较高，每个周期结束时，捡拾破碎炭素环又增加了大量的人工成本，部分炭素进入槽后形成炭渣对电解有较大的影响。二次铝灰是熔铸分厂回收处理过残铝的废弃物，成本低廉，二次铝灰直接添加至电解槽未发现有明显的不利影响，说明少量二次铝灰加入电解槽后可以基本达到动态平衡，如果能用二次铝灰制作阳极保护环，对阳极钢爪进行保护既可达到减缓钢爪腐蚀、增加经济效益的作用，又可达到降低固体废物排放、变废为宝的目的。采用铝灰保护环后，不用捡拾碎块，铝灰保护环可破碎后随覆盖料进入电解流程，是炭素保护环的理想替代产品。

主要工艺：

(1) 铝灰的初选和破碎。废铝灰给入条形筛，筛出大块的铝块，筛下物给入颚式破碎机破碎，破碎后物料进入集料斗。

(2) 球磨和筛分。破碎物料给入球磨机，球磨后物料经给料机给入振动筛，筛分出不能磨碎的铝片和二次铝灰。

(3) 铝块重熔。将筛分的金属铝块给入 1 t 的中频炉中熔炼并铸成铝锭。

(4) 压制保护环。二次铝灰与炭素添加剂和水进行充分搅拌混合，混合好的物料进入制环机直接压制阳极保护环，成型保护环送入电热隧道窑进行烘干。

(5) 氨气回收。由于二次铝灰中含有氮化铝，烘干过程会产生氨气，隧道窑产生的废气经吸氨塔吸收，稀氨水泵送入蒸氨塔，使稀氨水部分气化冷凝得到大于 20%的成品氨水出售。

主要设备有制浆机、轮碾机、上料系统、成型机、加热除氨装置、破碎机、搅拌机等。阳极保护环使用的原料是铸造产出的副产品细灰经破碎、筛分、成型、烘干等工序后，将其黏结在阳极钢爪上，不仅起到保护阳极钢爪的作用，能够防止电解质过度侵蚀钢爪，延长电解换极周期、降低阳极毛耗，而且还对稳定铝液质量有着积极的作用。另外，由于铝灰的主要成分是氧化铝，铝灰保护环熔化到槽子里，可以减少氧化铝的添加量。

山西新材料、华圣铝业采用部分二次铝灰加工成电解铝阳极钢爪保护环。铝灰保护环在使用过程中溶化到电解槽里，但是其含有的氧化铝多为晶型完整的 α-Al_2O_3，最终能否被电解尚缺乏足够的论证。此外，铝灰中含有的钠盐会引起电解质摩尔比升高，导致电耗高，降低电流效率，含有的硅、铁等杂质对会使铝液硅、铁含量上升，长期添加有可能引起铝锭质量等级变化，因此该技术未能实现全面推广。

4.13　二次铝灰生产制备工业用氢及氨水技术

铝灰与碱液直接接触时，反应较为剧烈，瞬间释放大量气体，主要为 NH_3 和 H_2。具体反应原理如下：

$$AlN + NaOH + 3H_2O \longrightarrow NaAl(OH)_4 + NH_3\uparrow \tag{4.74}$$

$$2Al + 2NaOH + 6H_2O \longrightarrow 2NaAl(OH)_4 + 3H_2\uparrow \tag{4.75}$$

$$Si + 2NaOH + H_2O \longrightarrow Na_2SiO_3 + 2H_2\uparrow \tag{4.76}$$

根据不同铝灰单质铝及氮化铝含量不同，其产生的氢气和氨气略有不同，但基本每吨铝灰产生的氢气和氨气有 80~200 m^3，将其产生的氢气及氨气进行回收，生产工业用氢和氨水，具备一定经济价值，具体工艺流程及产业化实物见图 4.19 和图 4.20。

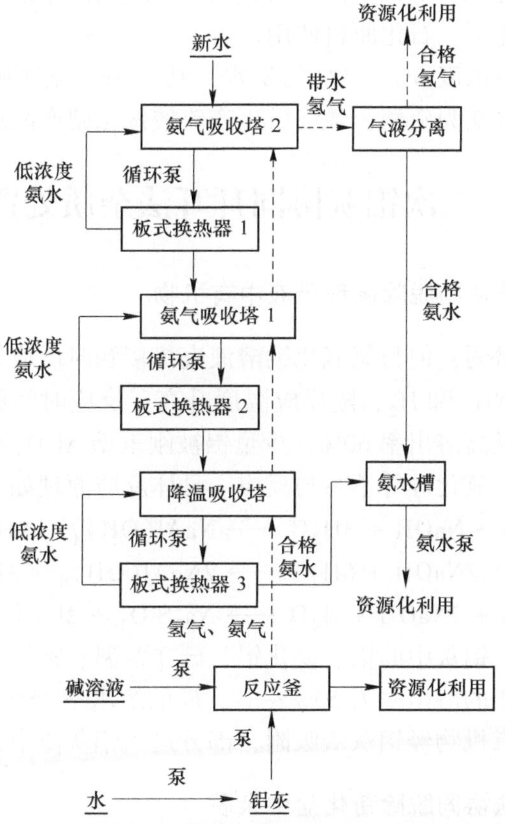

图 4.19　铝灰制备氢气及氨水工艺流程图

图 4.20　铝灰制备氢气及氨水生产图

可制得氢气纯度 99.5%以上的氢气，氢气可直接用于燃烧设备，也可将其进行压缩液化，作为化工、石化原料使用。

根据需求可制得浓度 5%～30%的氨水，其可用于氨法脱硫，也可根据生产需求，把脱氨液由水变为硫酸，最终可生产硫酸铵化肥产品。

4.14　二次铝灰协同拜耳法杂质处置技术

4.14.1　铝灰烧结法协同脱除循环母液中有机物

铝灰与水反应微弱，但与氢氧化钠溶液直接接触时反应较为剧烈，瞬间释放大量气体，主要为 NH_3 和 H_2，随反应温度升高、反应时间的延长，铝灰中铝的溶出率逐渐升高，最高溶出率 60%，少量铝被刚玉型 Al_2O_3 包裹，而刚玉型氧化铝、铝镁尖晶石和二氧化硅等不参与反应。具体反应原理如下：

$$AlN + NaOH + 3H_2O \longrightarrow NaAl(OH)_4 + NH_3 \uparrow \tag{4.77}$$

$$2Al + 2NaOH + 6H_2O \longrightarrow 2NaAl(OH)_4 + 3H_2 \uparrow \tag{4.78}$$

$$Si + 2NaOH + H_2O \longrightarrow Na_2SiO_3 + 2H_2 \uparrow \tag{4.79}$$

在溶出过程中，铝灰中的铝、氮化铝、硅在常温、常压下能与碱反应，生成铝酸钠，这个环节铝的溶出率为 50%左右，硅的溶出率 45%左右。

循环母液中的有机物经铝灰渣吸附，部分进入铝灰渣中，实现净化。

4.14.2　铝灰烧结法协同脱除苛化盐中杂质

随着国内铝土矿资源的日益匮乏，氧化铝生产系统采用的矿石品位逐渐降低，矿石来源种类不断增多。高硫矿、高碳矿、高钛矿等不同种类的原矿进入氧化铝生产系统，带来了诸多的生产问题。尤其是采用越来越多的高有机碳矿石，再加上多年来矿石中有机碳的累积，造成了氧化铝循环母液中杂质富集，导致了生产中的种种问题。如何降低有机物在铝酸钠溶液中的浓度，成为迫在眉睫的生产问题。为有效改善杂质的富集现状，改善产品氢氧化铝粒度、强度，降低晶格碱含量，可采用铝灰烧结法协同拜耳法氧化铝生产系统去除苛化盐中杂质。

图 4.21 所示为拜耳法生产过程中的杂质浓缩吸收系统，含有杂质的蒸发母液经过换热器换热后加入活性铝灰渣进行吸附溶液内的杂质，杂质经铝灰渣的吸附，诸如有机碳、草酸盐、硫化物等长期富集的有害杂质最终被吸收去除，形成富含草酸盐等杂质的铝灰渣滤饼。至此杂质从氧化铝系统中分离出来，实现系统净化。

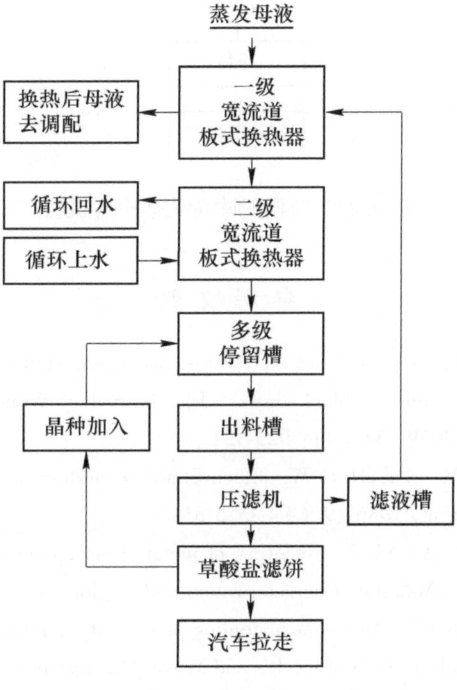

图 4.21　排盐除杂工艺

如图 4.22 所示，二次铝灰与氧化铝生产工艺中的排出杂质及活化剂进行混合，然后高温烧结制备得到铝酸钠盐熟料，制备好的铝酸钠盐熟料可以用于氧化铝工艺生产冶金氧化铝，其中二次铝灰中氧化铝回收率和钠、钾等有价元素回收率都能达到 90%以上，且可以有效回收杂质中钠元素。

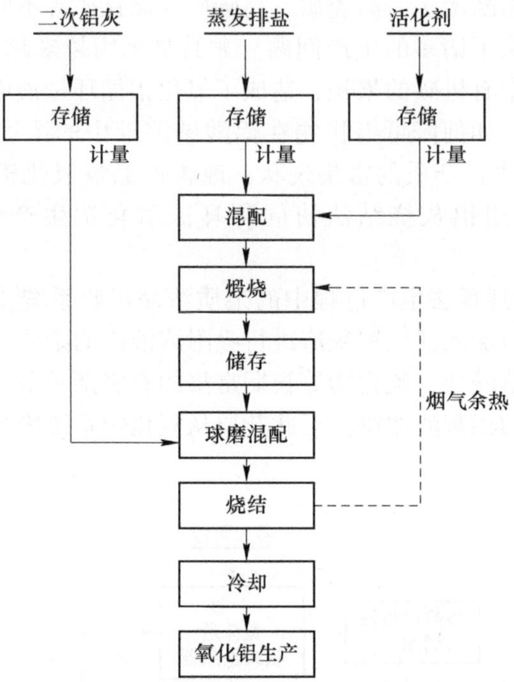

图 4.22　协同脱除苛化盐中有机物

参 考 文 献

[1] CAO Y X, WANG Z, WANG J, et al. Multi-stage electrostatic separation for recovering of aluminum from fine granules of black dross [J]. Journal of Wuhan University of Technology (Materials Science), 2019, 34 (4): 925-931.

[2] MAH K, TOGURI J M, SMITH H W. Electrostatic separation of aluminum from dross [J]. Conservation & Recycling, 1986, 9 (4): 325-334.

[3] HWANG J Y, HUANG X, XU Z. Recovery of metals from aluminum dross and saltcake [J]. Journal of Minerals and Materials Characterization and Engineering, 2006, 5 (1): 47.

[4] HIRAKI T, NAGASAKA T. An easier upgrading process of aluminum dross residue by screening technique [J]. Journal of Material Cycles and Waste Management, 2015, 17 (3): 566-573.

[5] MAHINROOSTA M, ALLAHVERDI A. A promising green process for synthesis of high purity activated-alumina nanopowder from secondary aluminum dross [J]. Journal of Cleaner Production, 2018, 179: 93-102.

[6] SARKER M S, ALAM Z, QADIR R, et al. Extraction and characterization of alumina nanopowders from aluminum dross by acid dissolution process [J]. International Journal of Minerals, Metallurgy, and Materials, 2015, 4: 429-436.

[7] 王宝庆. 酸浸取铝灰制备高纯氧化铝工艺研究 [D]. 郑州：郑州大学，2016.

[8] 侯蕊红．铝及铝合金熔渣的酸浸与高温煅烧研究［D］．太原：太原理工大学，2016.

[9] DASH B, DAS B R, TRIPATHY B C, et al. Acid dissolution of alumina from waste aluminium dross［J］. Hydrometallurgy, 2008, 92（1/2）: 48-53.

[10] YANG Q, LI Q, ZHANG G, et al. Investigation of leaching kinetics of aluminum extraction from secondary aluminum dross with use of hydrochloric acid［J］. Hydrometallurgy, 2019, 187: 158-167.

[11] AMER A M. Extracting aluminum from dross tailings［J］. Journal of the Minerals, Metals & Materials Society, 2002, 54（11）: 72-75.

[12] AMER A M. Aluminum extraction from aluminum industrial wastes［J］. Journal of the Minerals, Metals & Materials Society, 2010, 62（5）: 60-63.

[13] HOW L F, IALAM A, JAAFAR M S, et al. Extraction and characterization of gamma-alumina from waste aluminium dross［J］. Waste and biomass valorization, 2017, 8（2）: 321-327.

[14] DAVID E, KOPAC J. Aluminum recovery as a product with high added value using aluminum hazardous waste［J］. Journal of Hazardous Materials, 2013, 261: 316-324.

[15] JAFARI N H, STARK T D, ROPER R. Classification and reactivity of secondary aluminum production waste［J］. Journal of Hazardous, Toxic, and Radioactive Waste, 2014, 18（4）: 1.

[16] 李玲玲，宋明，靳强．二次铝灰中氧化铝碱溶研究［J］．无机盐工业，2019，51（1）：53-57.

[17] TURK M, ALTINER M, TOP S, et al. Production of alpha-alumina from black aluminum dross using NaOH leaching followed by calcination［J］. Journal of the Minerals, Metals & Materials Society, 2020, 72（10）: 3358-3366.

[18] NGUYEN T, LEE M, NGUYEN T. Ball milling treatment of black dross for selective dissolution of alumina in sodium hydroxide leaching［J］. Processes, 2018, 6（4）: 29.

[19] NGUYEN T, MAN S L. Improvement of alumina dissolution from the mechanically activated dross using ultrasound-assisted leaching［J］. Journal of the Korean Institute of Metals and Materials, 2019, 57（3）: 154-161.

[20] 张宁燕，宁平，谢天鉴，等．铝灰有价组分回收及综合利用研究进展［J］．硅酸盐通报，2017，36（6）：1951-1956.

[21] 郭学益，刘静欣，田庆华，等．有色金属复杂资源低温碱性熔炼原理与方法［J］．有色金属科学与工程，2013，4（2）：8-13.

[22] 李菲，郭学益，田庆华．二次铝灰制备 α-Al_2O_3 工艺［J］．北京科技大学学报，2012，34（4）：383-389.

[23] 朱方方，雷泽，高毅颖，等．硫酸铵焙烧法回收二次铝灰中的铝［J］．化工设计通讯，2017，43（3）：99-101.

[24] TRIPATHY A K, MAHALIK S, SARANGI C K, et al. A pyro-hydrometallurgical process for the recovery of alumina from waste aluminium dross［J］. Minerals Engineering, 2019, 137: 181-186.

[25] GUO H, WANG J, ZHANG X, et al. Study on the extraction of aluminum from aluminum dross

using alkali roasting and subsequent synthesis of mesoporous γ-alumina [J]. Metallurgical and Materials Transactions B, 2018, 49 (5): 2906-2916.

[26] HE L, SHI L, HUANG Q, et al. Extraction of alumina from aluminum dross by a non-hazardous alkaline sintering process: dissolution kinetics of alumina and silica from calcined materials [J]. Science of the Total Environment, 2021, 777: 146123.

[27] 李晓娜. 铝灰制备镁铝尖晶石及其在 Al_2O_3-$MgAl_2O_4$ 耐火材料中的应用 [D]. 上海: 上海交通大学, 2008.

[28] ZHANG Y, GUO Z H, HAN Z Y, et al. Feasibility of aluminum recovery and $MgAl_2O_4$ spinel synthesis from secondary aluminum dross [J]. International Journal of Minerals Metallurgy and Materials, 2019, 26 (3): 45-54.

[29] 李帅, 康泽双, 闫琨, 等. 预处理铝灰制备镁铝尖晶石研究 [J]. 有色金属 (冶炼部分), 2020 (9): 75-79.

[30] 董锦芳, 黄朝晖, 陈博, 等. 固体废弃物铝灰和粉煤灰原位合成 Spinel-Sialon 复相材料的研究 [J]. 人工晶体学报, 2009 (s1): 371-374.

[31] 张勇, 郭朝晖, 王硕, 等. 二次铝灰烧结制备钙铝黄长石/镁铝尖晶石复相材料 [J]. 中国有色金属学报, 2018, 28 (2): 334-339.

[32] NGUYEN T, SONG S J, LEE M S. Development of a hydrometallurgical process for the recovery of pure alumina from black dross and synthesis of magnesium spinel [J]. Journal of Materials Research and Technology, 2020, 9 (2): 2568-2577.

[33] HASHISHIN T, KODERA Y, YAMAMOTO T, et al. Synthesis of (Mg, Si) Al_2O_4 spinel from aluminum dross [J]. Journal of the American Ceramic Society, 2004, 87 (3): 496-499.

[34] 燕军伟. 聚氯化铝的制备及工艺改进 [J]. 水处理信息报导, 2017 (5): 1-3.

[35] 李小忠, 许晓路, 申秀英, 等. 以炼铝灰渣为原料制备絮凝剂及其应用 [J]. 环境科学与技术, 2004, 27 (B08): 100-101.

[36] 焦玲. 铝系絮凝剂的制备及其在处理废水中的应用基础实验研究 [D]. 保定: 河北大学, 2007.

[37] MURAYAMA N, MAEKAWA I, USHIRO H, et al. Synthesis of various layered double hydroxides using aluminum dross generated in aluminum recycling process [J]. International Journal of Mineral Processing, 2012, 110-111: 46-52.

[38] ZAWARH M F, GHANAYM E E, SADEK H E H, et al. Synthesis, characterization and sinterability of pure and Ni-doped nano layered double hydroxides from aluminum dross [J]. Ceramics International, 2019, 45 (14): 17598-17610.

[39] SHIBATA J, MURAYAMA N, TANABE M, et al. Synthesis of hydrotalcite from wastes discharged in aluminum regeneration process and its physical properties [J]. Kagaku Kogaku Ronbunshu, 2005, 31 (1): 74-79.

[40] MURAYAMA N, OKAJIMA N, YAMAOKA S, et al. Hydrothermal synthesis of $AlPO_4$-5 type zeolitic materials by using aluminum dross as a raw material [J]. Journal of the European Ceramic Society, 2006, 26 (4): 459-462.

[41] MURAYAMA N, BABA M, HAYASHI J I, et al. Adsorption property of water vapor on $AlPO_4$-5

synthesized from aluminum dross [J]. Materials Transactions, 2013, 54 (12): 2265-2270.

[42] MURAKAMI T, SUGANO Y, KINAMI T. Alkali hydrothermal synthesis of zeolite a using oxide by-products [J]. ISIJ International, 2011, 51 (1): 158-165.

[43] HIRAKI T, NOSAKA A, OKINAKA N, et al. Synthesis of zeolite-X from waste metals [J]. ISIJ International, 2009, 49 (10): 1644-1648.

[44] YOO S J, KWAK D H, LEE S I, et al. Kinetics of aluminum dross dissolution in sec-butyl alcohol for aluminum sec-butoxide [J]. Hydrometallurgy, 2011, 96 (5): 223-229.

[45] YOO S J, KWAK D H, LEE S I, et al. Synthesis and characterization of high purity aluminum sec-butoxide from aluminum dross [J]. Korean Journal of Chemical Engineering, 2009, 26 (1): 281-284.

[46] YOO S J, YOON H S, JANG H D, et al. Synthesis of aluminum isopropoxide from aluminum dross [J]. Korean Journal of Chemical Engineering, 2006, 23 (4): 683-687.

[47] YANG S F, WANG T M, SHIE Z, et al. Fine Al_2O_3 powder produced by radio-frequency plasma from aluminum dross [J]. IEEE Transactions on Plasma Science, 2014, 42 (12): 3751-3755.

[48] SARAVANAKUMAR R, RAMACHANDRAN K, LALY L G, et al. Plasma assisted synthesis of γ-alumina from waste aluminum dross [J]. Waste Management, 2018, 77: 565-575.

[49] ALVIANI V N, HIRANO N, WATANABE N, et al. Local initiative hydrogen production by utilization of aluminum waste materials and natural acidic hot-spring water [J]. Applied Energy, 2021, 293: 116909.

[50] SHMELEV V, NIKOLAEV V, LEE J H, et al. Hydrogen production by reaction of aluminum with water [J]. International Journal of Hydrogen Energy, 2016, 41 (38): 16664-16676.

[51] DAVID E, KOPAC J. Hydrolysis of aluminum dross material to achieve zero hazardous waste [J]. Journal of Hazardous Materials, 2012, 209-210: 501-509.

[52] 张永，朱小峰，杨建伟，等. 工业铝灰在炼钢过程中的无害化应用研究 [J]. 甘肃冶金，2020, 42 (6): 115-117, 120.

[53] 王德永，刘承军，闵义，等. 铝灰在管线钢脱硫中的作用 [J]. 中国冶金，2007 (2): 14-16.

[54] 李燕龙，张立峰，杨文，等. 铝灰用于钢包渣改质剂试验 [J]. 钢铁，2014, 49 (3): 17-23.

[55] ROSLAN N A, ABIDIN S Z, NASIR N S, et al. Extracted γ-Al_2O_3 from aluminum dross as a catalyst support for glycerol dry reforming reaction [J]. Materials Today: Proceedings, 2021, 42 (1): 63-68.

[56] 李强，王本坤，徐会君，等. 利用铝灰制备硅酸盐基臭氧氧化催化剂及其催化性能研究 [J]. 山东化工，2021, 50 (1): 25-27, 29.

[57] CASTRO M, ROBLES J, HERNANDEZ D, et al. Development of mullite/zirconia composites from a mixture of aluminum dross and zircon [J]. Ceramics International, 2008, 35 (2): 921-924.

[58] SAMAT N, SABARUDDIN F A, YUSOFF M M, et al. Evaluation of waste from aluminum

industry as filler in polypropylene composites [J]. Journal of the Minerals, Metals & Materials Society, 2017, 69 (4): 1-6.
[59] LIU H, FANG M, HUANG Z, et al. Preparation and mechanical properties of TiN-Al_2O_3 refractory composites [J]. Advanced Materials Research, 2013, 833: 217-220.
[60] ZAWRAH M F, TAHA M A, MOSTAFA H A. In-situ formation of Al_2O_3/Al core-shell from waste material: Production ofl porous composite improved by graphene [J]. Ceramics International, 2018, 44 (9): 10693-10699.
[61] EWAIS E, KHALIL N M, AMIN M S, et al. Utilization of aluminum sludge and aluminum slag (dross) for the manufacture of calcium aluminate cement [J]. Ceramics International, 2009, 35 (8): 3381-3388.
[62] HU J B, LI Y B, WU K D, et al. The Exploration on synthesis of calcium aluminate and Fe-Si alloys using red mud and aluminum dross [J]. Advanced Materials Research, 2010, 97-101: 1104-1108.
[63] ELSEKNIDY M H, SALMIATON A, SHAFIZAH I N, et al. A study on mechanical properties of concrete incorporating aluminum dross, fly ash, and quarry dust [J]. Sustainability, 2020, 12 (21): 9230.
[64] 乔桂玲，朱广斌，王绍鹏．铝灰在铝电解槽上的添加应用研究 [J]. 轻金属，2009 (8): 43-47.
[65] 刘庆生，王健鲁．铝灰在冰晶石熔盐体系中的溶解性能研究 [J]. 轻金属，2014 (10): 33-35.
[66] 魏杰．铝灰资源化利用的基础研究 [D]. 昆明：昆明理工大学，2022.
[67] 蒋太波．铝灰综合利用技术及应用研究 [J]. 有色金属加工，2024, 53 (2): 65-70.
[68] 柴登鹏，周云峰，李昌林，等．铝灰综合回收利用的国内外技术现状及趋势 [J]. 铝镁通讯，2015 (3): 1-5.
[69] 吴龙，胡天麒，郝以党．铝灰综合利用工艺技术进展 [J]. 有色金属工程，2016, 6 (6): 45-49.
[70] 张含博．电解铝厂铝灰处理工艺现状及发展趋势 [J]. 有色冶金节能，2019 (2): 11-15.
[71] 柴彬．聚合氯化铝制备条件优化与应用研究 [D]. 成都：西南交通大学，2017.
[72] 杨娜，朱山，李松．铝灰制备高纯硫酸铝的工艺研究 [J]. 世界有色金属，2021 (15): 103-105.
[73] 刘颖，张俊杰，沈汉林，等．二次铝灰资源化研究进展 [J]. 稀有金属，2024, 48 (2): 277-287.
[74] 李家镜．利用铝灰制备 Sialon 材料的研究 [D]. 上海：上海交通大学，2012.
[75] 徐晓虹，熊碧玲，吴建锋，等．废铝灰制备陶瓷清水砖的研究 [J]. 武汉理工大学学报，2006 (5): 14-16, 23.
[76] 吴建锋，王东斌，徐晓虹，等．利用工业废渣制备艺术型清水砖的研究 [J]. 武汉理工大学学报，2005 (5): 46-49.
[77] 余少华．硅灰石降低日用细瓷烧成温度的研究 [J]. 景德镇陶瓷，2000 (4): 1-4.

[78] 郑怀礼，张威震，刘霜，等．铝灰资源化制备混凝剂研究进展［J］．土木与环境工程学报，2025，47（1）：205-212.
[79] 袁向红，吴凯，张健，等．炼铝废渣的综合利用试验［J］．环境污染与防治，2000（1）：37-39.
[80] 唐伟佳，倪红军，许茜，等．铝工业废渣制备免烧砖的力学性能研究［J］．金属矿山，2020（7）：211-215.
[81] 倪红军，唐伟佳，吕帅帅，等．添加剂掺量对铝灰非烧结砖组织和性能的影响［J］．硅酸盐通报，2020，39（2）：520-526，574.
[82] 徐强强．二次铝灰渣免烧砖的研制［D］．金华：浙江师范大学，2016.
[83] 张昊天．成形工艺参数对底泥免烧砖抗压强度的影响［J］．建筑结构，2023，53（s2）：1470-1475.
[84] 李晓辉，陈自东，陈乐乐，等．免烧砖研究进展［J］．中国资源综合利用，2023，41（4）：67-71.
[85] 李湘洲．免烧砖的现状及其发展前景［J］．砖瓦，2014（10）：60-63.
[86] 万千千．飞灰、铝灰无害化制备免烧砖及其安全性评价［D］．天津：天津科技大学，2022.
[87] 潘一帆，张玉露，梁洪滔，等．水泥基材料资源化利用二次铝灰的可行性研究［J］．工业建筑，2023，53（s2）：689-693.
[88] 马文青，李灿华，都刚，等．二次铝灰部分替代矾土制备铝酸盐水泥［J］．有色金属科学与工程，2024，15（4）：527-534.
[89] 钟维军，谢嘉磊，张洁，等．二次铝灰烧结渣料磨细粉对快硬高强硫铝酸盐水泥注浆料性能的影响［J］．新型建筑材料，2023，50（9）：51-56，61.
[90] 李雪礼，贾石河，曹庚振，等．拟薄水铝石和薄水铝石性质的差异化研究［J］．石化技术与应用，2018，36（4）：242-245.
[91] 杨勇．催化剂载体氧化铝的制备工艺及改性研究［D］．昆明：昆明贵金属研究所，2011.
[92] 左少卿，杜晓辉，熊晓云，等．拟薄水铝石制备方法的研究进展［J］．应用化工，2017，46（9）：1818-1821.
[93] 杨永佳，张新昇，李金，等．大孔拟薄水铝石和 γ-Al_2O_3 载体制备研究进展［J］．过程工程学报，2021，21（10）：1156-1166.
[94] 马月谦，李晓云，孙彦民，等．拟薄水铝石制备技术研究进展［C］//第九届全国工业催化技术及应用年会论文集．全国工业催化信息站．西安：2012：88-90.
[95] 王程民．醇铝法特种拟薄水铝石的开发与应用［J］．石化技术，2020，27（11）：189-190，33.
[96] 吕振辉，薛冬，佟佳，等．异丙醇铝制备拟薄水铝石和氧化铝［J］．石油化工，2017，46（5）：536-542.
[97] 王秋萍，黄青则，黄媚，等．双铝法合成拟薄水铝石的优化研究［J］．化工技术与开发，2017，46（7）：1-4.
[98] 王栋斌，郑峰伟，周正，等．碳化法制备拟薄水铝石的研究进展［J］．广州化工，2020，

48 (21): 1-4.

[99] 张鹏远, 郑丽丽. 超细活性氧化铝的制备和表征 [J]. 无机盐工业, 2003, 35 (4): 14-16.

[100] 杨清河, 李大东, 庄福成. $NaAlO_2$-CO_2 法制备拟薄水铝石规律的研究 [J]. 石油炼制与化工, 1999, 30 (4): 59-63.

[101] 赵长伟, 何劲松, 任晓晶, 等. 聚合氯化铝制备拟薄水铝石及其性质研究 [J]. 无机化学学报, 2010, 26 (3): 521-524.

[102] 刘袁李, 沈善文, 杨雨哲, 等. 异丙醇铝控制水解制备高纯拟薄水铝石和多孔氧化铝 [J]. 工业催化, 2020, 28 (1): 24-31.

[103] 曾丰, 杨清河, 曾双亲. 采用 $NaAlO_2$-CO_2 连续中和法制备拟薄水铝石 [J]. 石油学报: 石油加工, 2015, 31 (5): 1069-1074.

[104] 王晶晶, 王永林, 赵利民. 连续碳化法制备拟薄水铝石 [J]. 工业催化, 2019, 27 (1): 33-37.

[105] 李友凤, 周继承, 谢放华. 螺旋通道型旋转床制备纳米拟薄水铝石的研究 [J]. 硅酸盐通报, 2006 (2): 38-41, 50.

[106] 徐树英, 谭蔚, 张永明. 利用海南高岭土制备拟薄水铝石条件的研究 [J]. 非金属矿, 2013, 36 (6): 49-51.

[107] 蔡卫权, 李会泉, 张懿. SB 粉水热种分过饱和铝酸钠溶液制备拟薄水铝石 [J]. 无机化学学报, 2006, 22 (7): 1303-1306.

[108] 蔡卫权. SB 粉水热分解铝酸钠溶液制取大孔容高比表面拟薄水铝石 [J]. 催化学报, 2006, 27 (9): 805-809.

[109] 王楚, 冯辉霞, 梁顺琴, 等. $Al_2(SO_4)_3$-$NH_3 \cdot H_2O$ 法大孔拟薄水铝石的制备及其应用 [J]. 工业催化, 2015, 23 (7): 541-544.

[110] 王楚, 冯辉霞, 梁顺琴, 等. 成胶条件对硫酸铝-氨水法制备拟薄水铝石物性的影响 [J]. 石化技术与应用, 2015, 33 (2): 125-128.

[111] 刘文洁, 隋宝宽, 袁胜华, 等. 硫酸铝法制备拟薄水铝石过程研究 [J]. 石油炼制与化工, 2016, 47 (1): 27-31.

[112] 隋宝宽, 刘文洁, 杨刚, 等. 温度对拟薄水铝石性能的影响 [J]. 工业催化, 2012, 20 (7): 46-48.

[113] 左少卿, 熊晓云, 齐恒山, 等. 尿素扩孔剂对拟薄水铝石性能的影响 [J]. 石化技术与应用, 2018, 36 (4): 231-235.

[114] 赵小玲. 纳米氧化铝的制备及改性工艺研究 [D]. 西安: 西北大学, 2003.

[115] SKALON M, HEBDA M, BUZOLIN R. Preparation method of spherical and monocrystalline aluminum powder [J]. Metals, 2019 (3): 375.

[116] 王宏志, 高濂, 陈红光, 等. Al_2O_3 基复合材料中纳米 SiC 对微观结构的影响 [J]. 无机材料学报, 1998 (4): 603-607.

[117] 陈龙武, 甘礼华, 岳天仪, 等. 微乳液反应法制备氧化铝 (含水) 超细微粒 [J]. 高等学校化学学报, 1995 (1): 13-16.

[118] 冯丽娟, 赵宇靖, 陈诵英, 等. 超细氧化铝的研究—Ⅰ. 超细氧化铝的制备 [J]. 石油

学报（石油加工），1994（2）：69-74.
[119] 唐海，石颖恒，员文杰．活性氧化铝微粉对刚玉质浇注料性能的影响［J］．耐火材料，2022（5）：423-426.
[120] 张立生，李慧，张汉鑫，等．高纯氧化铝应用及制备工艺研究进展［J］．轻金属，2018（10）：18-21.
[121] 张英，刘卫，黎阳．高纯 Al_2O_3 的结构演变过程研究［J］．中国陶瓷，2015（11）：31-34.
[122] PANASYUK G P，AZAROVA L A，BELAN V N. Methods for high-purity aluminum oxide production for growth of leucosapphire crystals［J］. Theoretical Foundations of Chemical Engineering，2019（53）：596-601.
[123] KASHCHEEV I D，ZEMLYANOY K G，DORONIN A V. Development of the technology for producing high-purity Al_2O_3 powders based on raw materials from the ural region［J］. Refractories and Industrial Ceramics，2020，61（2）：192-195.

5 铝灰无害化处理

铝灰中主要含有金属铝、氧化铝、氮化铝及氟盐和氯盐等成分，不同的铝灰成分差异较大。一次铝灰主要含有金属铝和氧化铝，二次铝灰主要含有氧化铝、氮化铝和盐类。由于成分复杂，毒害物质含量高，目前大多采用堆存或填埋的方式处理铝灰，引发了严峻的生态挑战。当空气潮湿或下雨时，氟、氯等可溶盐会渗入地下，造成土壤和地下水污染；同时，铝灰中的 AlN、Al_4C_3、AlP、Al_2S_3 和 Al_5O_6N 等成分遇水释放 NH_3、CH_4、PH_3、H_2S 等气体，造成空气和环境污染，反应式如下：

$$AlN(s) + 3H_2O(l) = Al(OH)_3(s) + NH_3(g)\uparrow \tag{5.1}$$

$$Al_4C_3(s) + 12H_2O(l) = 4Al(OH)_3(s) + 3CH_4(g)\uparrow \tag{5.2}$$

$$AlP(s) + 3H_2O(l) = Al(OH)_3(s) + PH_3(g)\uparrow \tag{5.3}$$

$$Al_2S_3(s) + 6H_2O(l) = 2Al(OH)_3(s) + 3H_2S(g)\uparrow \tag{5.4}$$

$$2Al_5O_6N(s) + 3H_2O(l) = 5Al_2O_3(s) + 2NH_3(g)\uparrow \tag{5.5}$$

鉴于铝灰对人体健康和环境保护带来了极大挑战，2016 年铝灰被我国列入《国家危险废物名录》，2021 年更新了危险废物名录及特性，其危险特性为毒性及反应性；2018 年实施的《中华人民共和国环境保护税法》更是对铝灰等危废的排放征收 1000 元/t 的环境保护税。因此，铝灰源头企业面临巨大的环保压力，铝灰的无害化处理与资源化利用已经迫在眉睫。

国内外有关铝灰的处理利用途径有很多，第 4 章介绍了目前市场上常见铝灰处置工艺，针对一次铝灰、二次铝灰的成分和理化特性的差异，其方法各不相同，各有优劣势，但总体来说，仍普遍存在处理水平低、能耗高、效益差、二次污染等问题，且如何实现无害化已经作为工艺先进性的判定重点。本章重点从铝灰危害性中主要危险物质，如氟、氯、氮化物、尾气、废水、废渣的无害化及资源利用技术进行阐述。

5.1 氟的无害化处理

5.1.1 概述

铝灰中的氟主要来源于铝电解过程添加的固态熔剂和熔盐电解质，包括

NaF/KF、Na_3AlF_6 和 CaF_2，长期堆积会对环境和生物产生严重的危害，因此脱氟是必不可少的工序。氟化物的浸出特性与物质本身结构有关，NaF 为立方晶系，最易浸出；Na_3AlF_6 是单斜晶系，具有微溶性；CaF_2 是等轴晶系，难溶于水。根据《危险废物鉴别标准 浸出毒性鉴别》（GB 5805. 3—2007）和《固体废物浸出毒性浸出方法》（GB 5086. 1—1997）规定的方法浸出二次铝灰，测得二次铝灰中无机氟化物的含量（不含氟化钙）全部超过标准规定的浓度限值（100 mg/L）。因此开展深度脱氟技术研究已经成为二次铝灰无害化的重点之一。

可溶性氟盐无害化处置工艺已经成熟，可经过中和固化为氟化钙晶体除可溶性氟盐，二次铝灰中还含有微溶及难溶性氟盐，目前关于二次铝灰中氟化物脱除研究很少，且主要集中于脱氟的工艺研究[1-4]，分为水浸法和焙烧法。

铝灰在回收稀土元素的过程中发现，水浸处理铝灰只能溶解铝灰中的 NaF，而难溶于水的 CaF_2 和 MgF_2 即使采用稀酸也难以脱除。也有研究通过物相分析发现铝渣中氟化物存在形式有 K_2NaAlF_6、Na_3AlF_6、CaF_2 和 NaF，同时采用水浸和碱浸铝渣，结果表明常温水浸只能去除约 1%的氟，碱浸 60 ℃条件下可去除 60%~70%的氟，说明碱性溶液中，体系温度升高更有利于氟的浸出。

也有研究得出二次铝灰中氟和氯等有害元素在水溶液中的浸出规律[5-8]和处理方法，确定最佳工艺参数为浸出时间 8 h，液固比为 6，浸出液 pH 值为 4，浸出温度为 60 ℃，氟和氯的最大浸出率分别为 87. 67%和 99. 02%。

焙烧法是在高温条件下，铝灰中氟化物以气态形式挥发后回收再利用。将水浸脱氨、脱氯后的铝灰在 950 ℃下焙烧 3 h，铝灰中氟的脱除率为 97. 5%，焙烧产生的氟化物可作为生产氟化硅的原料，实现铝灰的无害化及资源化利用。采用碱熔炼法脱除二次铝灰中的氟、氯元素，在碱灰比 1. 1 : 1、焙烧温度 1200 ℃、焙烧时间 4 h 条件下，氟、氯元素的脱除率分别约为 94. 3%、98. 8%。焙烧脱氟工艺对铝灰的原料要求高，对设备要求高，工业化难度大[7,9-10]。

AlF^{2+}采用中和的方式回收，氟的总回收率为 80%~90%。然而在浸出液中 Al^{3+}浓度过高时，会生成铝的水合氟化物，不利于氟的浸出，这也是酸法需要解决的弊端。

5.1.2 水浸法

铝灰中的 F 主要源于铝电解过程中的电解质，其主要存在形式是 NaF、Na_3AlF_6、AlF_3、CaF_2 等。

根据《危险废物鉴别标准浸出毒性鉴别》（GB 5085. 3—2007），无机氟化物浸出浓度的限制为 100 mg/L，刘凤琴等人[11]研究了钙化焙烧并在碱液中浸出回收铝、钠、氟，回收率分别为 93. 35%、90. 21%、90. 53%。氟、氯在酸性条件（pH=4）的水溶液中 60 ℃浸出 8 h，氟元素的最大浸出率为 87. 67%。以二次铝灰渣为主要原料，通过低温碱性熔炼—浸出工艺萃取铝，在浸出液中通入 CO_2 制得冰晶石（Na_3AlF_6），实现了铝灰中氟元素的回收利用。

研究人员针对二次铝灰脱氟技术[12-15]，将所有可溶性氟化物和冰晶石提取回收，研究了回收浸出时 NaOH 浓度、浸出温度、浸出时间、pH 值、液固质量比对氟化物浸出率的影响，其中活性氟化物的浸出率可达 95. 8%。同时，在碱浸脱氟工艺过程中，二次铝灰中的可溶盐 NaF 和微溶的 Na_3AlF_6 进入溶液中，使用离子色谱仪检测出渗滤液中的氟离子浓度远超过国家排放标准，具有很强的毒性。假如不经过处理直接排放，会对水体造成严重的污染，违背环保理念，因此需要对渗滤液中的氟离子进行固化处理。

在含氟碱液中加入氧化钙沉淀氟离子是一种有效的处理方法，其原理是钙离子与水中的氟离子反应生成 CaF_2 沉淀，反应方程式如下所述：

$$CaO + H_2O = Ca(OH)_2 \tag{5.6}$$

$$Ca(OH)_2 \longrightarrow Ca^{2+} + 2OH^- \tag{5.7}$$

$$Ca^{2+} + F^- = CaF_2 \downarrow \tag{5.8}$$

碱性溶液中 99. 9%的氟离子可通过添加 CaO 转化为 CaF_2，稳定了活性氟化物，碱性溶液中氟化物的浓度符合国家标准。

5. 1. 3　焙烧法

碱性焙烧脱除二次铝灰中的氟[16-18]，结果见表 5. 1、图 5. 1、图 5. 2。由表 5. 1 可知，随着焙烧温度的升高，铝灰中的 SiO_2 和 F 的含量逐渐减少，特别是当温度大于 900 ℃时，二者的含量迅速减少。由图 5. 1 可知，随着焙烧温度的升高，铝灰的烧损率增大。由图 5. 2 可进一步得出，铝灰的脱氟率随着焙烧温度的升高而增加。

表 5. 1　不同焙烧温度下铝灰中的 SiO_2 与 F 的含量

温度/℃	常温	650	700	750	800	850	900	980
SiO_2 含量/%	5. 43	2. 81	2. 78	2. 76	2. 54	2. 50	2. 48	0. 57
F 含量/%	3. 86	3. 12	3. 09	2. 51	2. 06	1. 72	0. 97	0. 19

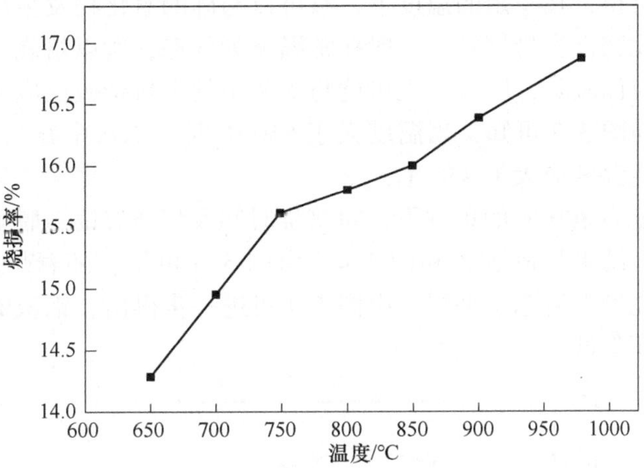

图 5.1 烧结温度与铝灰失重率的关系

图 5.1 中，铝灰的烧损率随着焙烧温度的升高而增大。由图 5.1 可得当温度低于 750 ℃时，物料失重率随焙烧温度升高而增加；温度在 750~850 ℃时，物料失重率略下降；当温度为 850 ℃，物料失重率再次升高。这主要由于铝灰中含有一定量的自由水与结晶水，以及一些微量的易挥发分，在焙烧过程中逐步蒸发和挥发所致，由此可得，随着温度的升高，铝灰中的水分及挥发分残余量逐渐减少，反应变得更加激烈，因此，铝灰的烧损率随着焙烧温度的升高而增大。

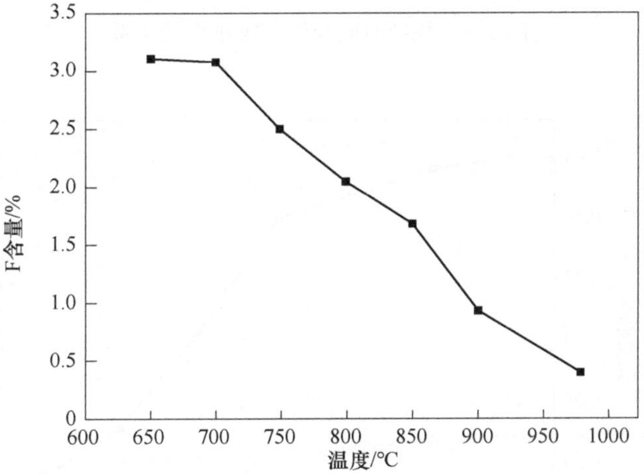

图 5.2 焙烧温度与铝灰中氟含量变化关系

图 5.2 中，随着焙烧温度的升高，铝灰中的氟含量逐渐减少。对比表 5.1 可知，氟含量随焙烧温度的升高而减少的同时，铝灰中的硅含量也逐步减少，基于

化学基础知识可得，在一定的温度下，氟可以与硅的氧化物发生反应生成硅的氟化物，硅的氟化物极容易挥发，一般在常温下为气态，所以焙烧过程中，主要以硅的氧化物反应而脱除，同时，也可能与铝灰中的微量杂质反应生成易挥发分脱除。由表 5.1 与图 5.2 可知，当温度大于 850 ℃时，铝灰中氟的含量迅速减少，表明铝灰的焙烧温度应大于 850 ℃。

在焙烧温度为 800 ℃的条件下，对焙烧时间及焙烧温度与脱氟率的关系进行了单因素实验，结果见图 5.3 和图 5.4。由图 5.3 可知，随着焙烧时间的增加，铝灰的烧损率先增大后趋于平缓。由图 5.4 可进一步得出，铝灰的氟含量随着焙烧时间的增加而降低。

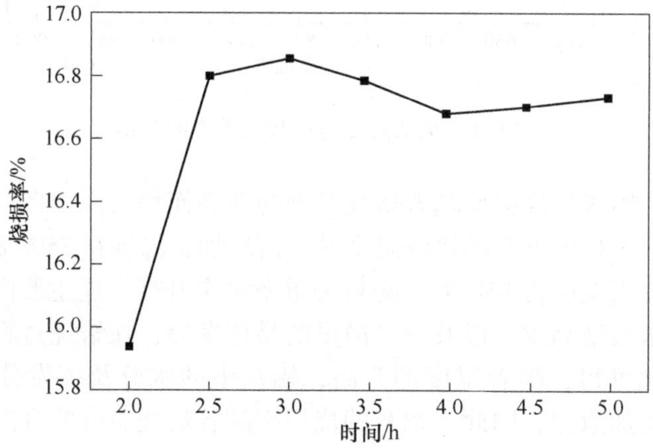

图 5.3 烧结时间与铝灰失重率的关系

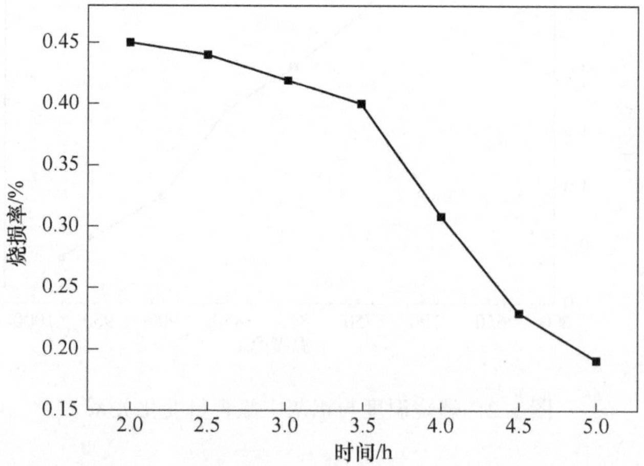

图 5.4 焙烧温度与铝灰中氟含量变化关系

由图 5.3 可得当焙烧时间在 3 h 以内时，物料失重率随焙烧时间的增加而急剧上升，这主要是铝灰中大量水分蒸发失去的过程，以及一些微量的易挥发分。当焙烧时间大于 3 h 后，铝灰失重率趋于平缓。焙烧时间在 3 h 的烧损率最大为 16.86%；焙烧时间在 3～4 h，烧损率略微下降，在 4 h 以后，烧损率又略微上升。

由图 5.4 可知，当焙烧时间大于 2 h 时的氟含量随焙烧时间的增加而下降，但是下降速率相对缓慢；当焙烧时间从 3.5 h 到 5 h 时，氟的含量随时间的增加而急剧下降，这种现象主要由于铝灰中所含的硅氧化物与氟反应生成气态硅的氟化物被脱除。随着铝灰中残余量越来越少，与硅的氧化物反应越来越接近平衡常数，脱除更多的硅需要很高的代价，并且焙烧时间大于 4.5 h 以后，氟含量的下降减缓，所以焙烧时间在 5 h 较理想，此时，铝灰中的氟含量为 0.2%。这一含量与铝土矿中微量杂质含量为相同，达到了铝灰无害化处理氟的目的。

为了脱除二次铝灰中的氮化铝和可溶出氟化物，实现二次铝灰的无害化和减量化，采用加入钙盐高温焙烧处理二次铝灰，研究了焙烧温度和加入钙盐的质量对铝灰脱氮固氟效果的影响。结果表明，在加入质量分数为 3% 的 $CaCl_2$ 作为固氟剂、焙烧温度为 1300 ℃、焙烧时间为 4 h 的条件下焙烧后的煅后铝灰氮元素含量降低至零，气体释放量降低至 2 mL/g，可溶出氟离子浓度降低至 6.71 mg/L，铝灰减重 13.44%。对该条件焙烧后的煅后铝灰进行水洗，回收了剩余的无机盐组分，该组分为 NaCl，回收率为 84.02%。通过高温焙烧、水洗处理二次铝灰可以实现其氮化物和可溶出氟化物的脱除，最大限度回收无机盐，最终产物为无害化减量化铝灰残渣，其主要成分为 α-Al_2O_3。

5.1.4 联合法

采用水洗、酸洗、碱洗工艺将一定的氟进行脱除，含氟滤液进行处理提取氟化物，滤渣若含氟不达标，将其进行一定条件焙烧，再次脱除固化氟，最终实现浸出液浓度达到国家标准；另外，在一定条件下，将含氟、氯铝灰进行高温烧结后，经过高温氟、氯分解气化后降温又析出，最终形成副产物，实现氟的去除、收集与利用。

5.2 氯的资源化利用

铝灰含氯量主要与来源有关系，目前铸造灰中氯含量相对较低，但是合金铝灰中氯含量相对较高，这与打渣剂等添加量有关。另外，有的单位不用含氯打渣剂、精炼剂，其氯含量就相对较低。铝灰中的 Cl 主要以 NaCl-KCl 的形式存在，其熔点较低，在熟料烧结过程中会产生 Cl_2，腐蚀设备，剩余未挥发的 Cl 在熟料溶出时以离子形式进入铝酸钠溶液中，Cl^-使分解诱导期变长，晶种活性降低，Cl元素进入析出的固体$Al(OH)_3$晶格中，使产品质量变差，而直接将铝灰作为电解质的原料，会因其高含量的Cl而影响电解质体系的稳定性。

对于铝灰可溶性盐，一般采用水洗—沉淀的形式去除。在湿法回收氧化铝之前一个重要的问题是从铝灰中去除可溶性盐。铝灰含有NaCl和KCl，在浸出过程中，这些盐成分进入溶液，影响溶解反应速率，同时会污染最终的氢氧化铝产品。研究结果表明，温度对盐的溶解没有显著影响，30 min可达到无机盐的最大回收率。通过破碎、溶解、蒸发分离等工序回收可溶性盐，在液固比为9 mL/g的条件下，盐的最大回收率约91%。

5.3　氮化物的脱除与利用

铝灰中另一危险物质是氮化铝，氮化铝既可以与水反应生成氢氧化铝与氨气，也可以在高温下分解为氧化铝和氮气，因此目前去除氮化铝的方式主要有水解与焙烧两种途径。

AlN水解主要受温度、时间、固液比等因素的影响。水解产物会包裹AlN颗粒，从而抑制水解反应的继续进行，这也是铝灰水解脱氮的难点所在。反应首先在氮化铝表面形成水合氧化铝，然后转化为$Al(OH)_3$晶相，导致反应减缓。温度和浸出液种类对AlN水解有显著影响。添加NaOH可以有效地提高水解速率，反应开始时，AlN与水的接触条件是充分的。随着水解反应的进行，AlN表面逐渐被$Al(OH)_3$覆盖，阻碍了进一步的水解。加入NaOH后，与$Al(OH)_3$保护层反应生成可溶性$NaAlO_2$，使AlN表面重新暴露，促进水解反应。采用CO_2饱和水溶液浸出铝灰，在水解的同时吸收反应产生的氨气，减少氨气所带来的影响，但CO_2的引入在一定程度上抑制了氮化铝的水解。水解原理见图5.5。

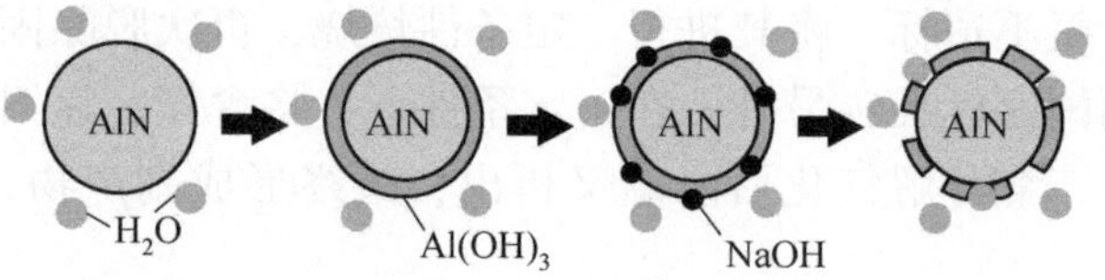

图5.5　水解原理

氮化铝水解会放出大量热量，使二次铝灰易燃，因此储存二次铝灰有较大的安全隐患。在298.15~373.13K下AlN水解反应的吉布斯自由能为-158.16~-159.52 kJ/mol，说明氮化铝的水解反应可自发进行。

AlN水解的机理：随着温度的升高，AlN表面会覆盖一层勃姆石（AlOOH），随着水解时间的延长，勃姆石转化为$Al(OH)_3$的结晶相，此反应过程如下：

$$AlN + 2H_2O \longrightarrow AlOOH + NH_3 \tag{5.9}$$

$$NH_3 + H_2O \longrightarrow NH_4^+ + OH^- \tag{5.10}$$

$$AlOOH + H_2O \longrightarrow Al(OH)_3 \tag{5.11}$$

AlN 也可以通过焙烧转化为 Al_2O_3，焙烧时氮化铝与氧气发生的反应如下：

$$4AlN(s) + 3O_2(g) \longrightarrow 2Al_2O_3(s) + 2N_2(g) \tag{5.12}$$

$$4AlN(s) + 5O_2(g) \longrightarrow 2Al_2O_3(s) + 4NO(g) \tag{5.13}$$

$$4AlN(s) + 7O_2(g) \longrightarrow 2Al_2O_3(s) + 4NO_2(g) \tag{5.14}$$

$$2AlN(s) + 4O_2(g) \longrightarrow Al_2O_3 + N_2O_5(g) \tag{5.15}$$

对氮化铝进行焙烧，反应生成的氧化铝会阻碍氧气继续与氮化铝颗粒反应。在 500~900 ℃的范围内升高温度会使得脱氮率迅速增大，而在 1000~1100 ℃提升温度对脱氮率的影响较小。通过加入碳酸钠、过氧化钠破坏产物层，脱氮率最高达 90.24%，可见氧化剂的加入有效地提高了氮化铝的脱氮率。

火法脱氮能耗极大，且存在氧化不完全、气体产物成分不明等问题，同时生成的氮氧化物会恶化环境，目前针对火法脱氮工艺中气体产物的研究较少。

由于 AlN 在高温有氧条件下对氧的亲和力极强，在空气中 AlN 的氧化过程包括转变为富氧态的 AlN，然后转化为非晶态的 Al_2O_3，最后转变为最终产物 α-Al_2O_3，火法脱氮工艺可提高铝灰渣的反应活性，用于生产高附加值产品。

5.4 尾气处理

受处置难度和处置成本的影响，目前的处置技术均无法实现大规模化，难以形成工业化的二次铝灰无害化处置产业链。火法工艺是一种协同处置的热处理方式，目前的火法工艺无法完全脱除铝灰中的有害物质，处置过程中会产生大量粉尘和氮氧化物等污染性气体，烟气净化的难度大。湿法工艺流程复杂，处置过程中化学试剂和能源消耗成本大，处置过程中会产生大量高盐废水，湿法工艺不是一种高经济效益的处置方式。传统的热处理方式是通过化石燃料燃烧产生的热量作为热源，工业中常用化石燃料有固态燃料烟煤和气态燃料天然气。烟煤和天然气燃烧需要消耗氧气，燃烧所需的空气量和产生的烟气量大。在充分燃烧的情况下，烟煤、天然气燃烧烟气成分主要是二氧化硫二氧化碳和粉尘，化石燃料在不完全燃烧的情况下，比如当过量空气系数较小时，空气量不足以支撑充分燃烧，烟气成分会复杂得多。

综上所述，在铝灰处置的火法工艺中，为了达到铝灰处置所需的温度区间，约为 1200 ℃以上均匀的温度场，需要燃烧大量的化石燃料。铝灰处置过程中产生的污染性烟气和化石燃料燃烧产生的大量烟气会给烟气净化带来极大的压力，如果烟气净化配套设施不完善，会对大气造成严重的污染。

5.4.1　湿法尾气处理

湿法作业主要尾气为氢气、氨气、甲烷等，基本属于可利用能源气体，其中氢气和氨气占总量的90%以上，甲烷5%~10%，混合气体采用氨吸收塔用水或者硫酸对氨气进行两次吸收后，剩余的氢气与甲烷可作为燃料使用，吸收氨气后的氨水再脱硫有效利用或者形成硫酸铵化肥。湿法尾气处理主要处理工艺见图5.6。

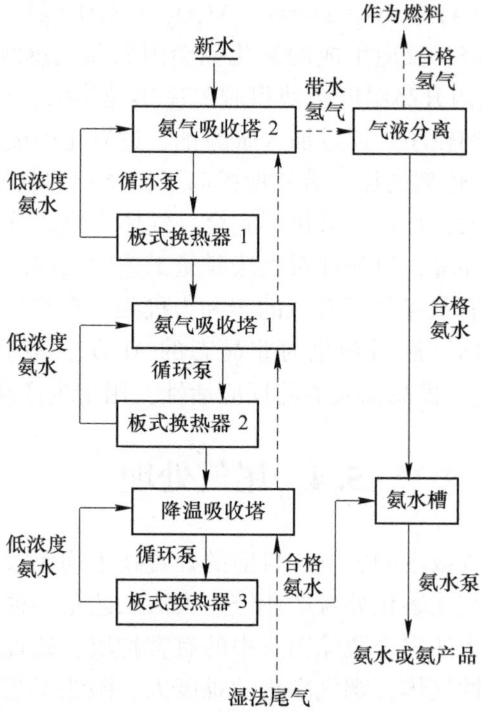

图 5.6　湿法尾气处理主要处理工艺

5.4.2　火法尾气处理

不同国家的烟气处理的方法和烟气排放的标准也不同。在欧洲，烟气排放的标准严格，像德国和法国这些发达国家对于节能与环保非常重视，烟气净化相关配套设施完善，通过对原料的严格控制、对关键处理设备的改造，以及采用先进的烟气处理方法来保障烟气净化处理的低排放。日本也执行着严格的大气污染物排放标准，在日本，“SNCR+干法+布袋除尘器+湿式洗涤塔+烟气再加热器”的组合处理工艺应用较为普遍。美国对电力、热力、建材、冶金等行业的烟气排放都制定了严格的限值。

目前国内烟气处理应用较多的是“半干法+活性炭吸附+布袋除尘”的组合工艺；高温污染性烟气的处理主要是“减温塔+半干法+活性炭喷射+袋式除尘器”的组合工艺，实践证明该法对部分酸性气体和粉尘有较好的脱除效果，主要方法见表5.2。

表5.2 国内对危险废弃物焚烧烟气处理的方法

处理方法	描述
急冷塔+干法反应塔+熟石灰/碳酸氢钠干粉脱硫+活性炭吸附+布袋除尘+引风机+预气冷塔+吸收塔+碱洗减湿塔	侯丽君[19]提出该方案用于解决危废焚烧烟处理，该法对颗粒物、酸性气体、NO_x、二噁英和重金属等能有效净化
急冷塔+干式脱酸塔+活性炭投加装置+袋式除尘器+降温塔+洗涤塔+活性炭固定床+引风机+降温塔+喷淋塔	张井丽[20]提出该方案用于优化某厂的危焚烧烟气处理，废该法能减少对环境的污染，并提高处置的效率
SNCR脱硝+急冷脱酸+干法脱酸+活性炭吸附+布袋除尘+湿法脱酸+烟气加热+活性焦吸附	梁东梅[21]提出该方案通过多级烟气净化工艺、处理某危险废弃物处置工程，该法还设置了自动监控系统，具备可靠性
余热锅炉+急冷中和塔+干式吸收塔+袋式除尘器+烟气加热器+SCR脱硝反应器+湿式吸收塔+烟气加热器+引风机	郑安桥[22]提出对危险废弃物的烟气处理方案，通过预处理和烟气净化工艺能够使得处理后的烟气达到很高的标准

铝灰的处置不能仅以处置的最终结果作为唯一指标，对处置过程中可能产生的污染性烟气也需要充分处理，达标后排放。中国工业污染物排放标准与欧盟2000标准的比较见表5.3。中国对于窑炉单位产品基准排气量为10000 m^3/t产品，在我国部分省份、城市又有更严格的执行标准。烟气排放的标准会随着经济的发展越发的严格，未来会有更多的烟气成分被纳入烟气污染物。因此烟气处理系统的设计要严格遵从烟气污染物的排放标准，并尽可能地降低烟气排放，以适应未来更加严苛的标准，国内处理工艺示范见图5.7。

表5.3 中国工业污染物排放标准与欧盟标准部分对比表 (mg/m^3)

污染物项目	GB 31574—2015	EU2000
颗粒物	30	10
氯化氢	30	10
氟化物	3	1
二氧化硫	150	50
氮氧化物	200	200

续表 5.3

污染物项目	GB 31574—2015	EU2000
二噁英	0. 0005	0. 0001
铅及其化合物	1	0. 5

(a)　(b)

图 5. 7　尾气处理实例

(a) 尾气氮氧化物、氟化物、氯化氢脱除；(b) 粉尘脱除

5. 5　废水、废渣与重金属处理

5. 5. 1　废水处理

由于全国每年铝加工行业产生铝灰较多，各处理厂加工铝方法不同，故产生铝灰成分复杂且组分不大相同，在实际的铝灰处置产线中生成的废水也不一致。通过对废水成分进行分析，根据成分选择合适的废水处理方法，建立一套适配的废水处理工艺流程线，并符合能耗低、经济效益高等要求。

国家鼓励发展实体性的工业，并建设现代化基础设施体系，加快发展方式绿色转型。因此工业化进程中，资源的再循环利用至关重要，研究水循环的重复利用，将固废转变过程中产生的废水进行重复利用，符合工业化发展趋势，也符合绿色发展方式。

在整体铝灰处置工艺流程中，涉及废水处置的环节有原料净化和尾气喷淋净化。原料净化过程中，铝灰与水混合搅拌，铝灰中的盐分溶于水中，且铝灰中氮化铝、氯化铝等与水反应生成新盐，反应方程式如下：

$$AlN + 4H_2O \longrightarrow Al(OH)_3 + NH_3 \cdot H_2O \tag{5.16}$$

$$AlCl_3 + 3NH_3 \cdot H_2O \longrightarrow Al(OH)_3 + 3NH_4Cl \tag{5.17}$$

在反应过程中产生氢氧化铝，微溶于水，过量则生成沉淀，且经过抽滤烘干的流程后，脱水为氧化铝，故可与净化后的铝灰一同进入后续熔融环节。而氨水极易挥发，故需在各个罐体内增设气体管路将氨气送至尾气处理部分，剩下的氯化铵、氯化钠、氯化钾及小部分氨水进入废水处理环节。采用离子分析仪得到原料净化废水阴离子组成见表5.4。

表5.4 原料净化废水离子组分

阴离子组分	原料净化废水中含量/$mg \cdot L^{-1}$
F^-	369.32
Cl^-	16780.10
NO_3^-	251.47
SO_4^{2-}	8794.01
PO_4^{3-}	3.19

原料净化废水中氯盐浓度最高，硫酸盐其次，包括氟离子，这些成分对环境都具有危害性，氯盐和硫酸盐比较稳定最终可形成晶体盐存放，氟离子不稳定，易转变为氟化氢，因此在原料净化废水处理中需去除氟离子。尾气喷淋净化环节中，经过双极喷淋塔，通过喷淋稀释后的氢氧化钠溶液将硫化物、氟化物等从酸性气体中分离，除此之外还能对出口尾气进行冷却作用，将未除净的气化盐分重新汇入至尾气喷淋废水池，并在后续环节滤除。尾气喷淋净化废水成分见表5.5。

表5.5 尾气净化废水成分

阴离子组分	尾气净化废水含量/$mg \cdot L^{-1}$
F^-	268.13
Cl^-	987.05
NO_3^-	578.98
SO_4^{2-}	891.37

废水处理主要采用物理化学方法对工业废水进行无害化处理，达到循环利用。首先使用化学方法除去废水中的氟离子和硫酸根离子等酸性阴离子，再通过EDI超滤子系统将含盐废水浓缩，该系统出水分为两部分，纯水部分直接回至原料净化环节循环使用，浓缩水部分继续流入下个环节。采用MVR设备将浓缩后

的含盐废水蒸发结晶，在 MVR 蒸发器中循环后浓缩液可排出烘干，最后将得到的结晶盐妥善保存。

5.5.2　废渣及重金属处理

尾渣根据不同工艺技术路线，均要满足不再属于危险废物后才能进行下一步处置，其中水洗、碱洗等技术均要进行固化氟，主要技术还是将氟离子进行加钙后形成稳定化合物氟化钙，根据《危险废物鉴别标准　腐蚀性鉴别》（GB 5085.1—2007），当浸出液的检测结果在该标准规定范围内时，则该样品是具有腐蚀性的危险样品。根据《危险废物鉴别标准　浸出毒性鉴别》（GB 5085.3—2007），当浸出液的检测结果中任何一项超过该标准规定的浓度限值时，则该样品是具有浸出毒性的危险样品。依据《危险废物鉴别技术规范》（HJ 298—2019），检测结果超过限值，即可判定该固体废物具有该种危险特性。

一般工业固体废物鉴别评价标准为《污水综合排放标准》（GB 8978—1996），当浸出液中任何一种特征污染物浓度均未超过该标准最高允许排放浓度，且 pH 值在 6~9 之内的为第Ⅰ类一般工业固体废物。当浸出液中有一种或一种以上的特征污染物浓度超过该标准最高允许排放浓度，或 pH 值在 6~9 之外的为第Ⅱ类一般工业固体废物。

修订后的《国家危险废物名录（2021 年版）》根据其来源进一步明确了铝灰的危险特性和属性，废物编码仍为 321-024-48 和 321-026-48。因此，应严格按照危险废物管理的要求，加强铝灰的环境监管。环评要求检测项目对重金属：铅、汞、镉、铬、砷、镍、铁、锰、锌、铜等做了具体要求。

铝灰中存在重金属时，在煅烧过程中会发生一系列化学反应，这些反应会对煅烧产物和环境造成影响。首先，重金属在高温下容易挥发或转化为挥发性化合物，释放到大气中会导致空气污染。其次，重金属的存在会影响铝灰的热稳定性和反应动力学，使煅烧过程中需要更高的温度和时间，同时也会对产物的晶体结构和化学性质产生影响。此外，铝灰中重金属含量较高也会降低产品的质量。例如，对用于制备高纯度铝材料的铝灰，重金属的杂质含量需要严格控制，否则会对最终产品的性能产生负面影响。因此，在处理铝灰时，需要对其中的重金属进行有效的去除或分离，以减少对煅烧过程和产品质量的不良影响。

5.6　无害化与资源化效益

铝灰在产生及处置过程中易产生氨气、甲烷、硫化氢及重金属离子。作为世界上产能和产量均位列第一的电解铝大国，中国电解铝、铝加工、再生铝等工艺每年排出的铝灰量保守估计在 200 万吨以上。

以往由于经济效益低，有相当一部分铝灰中的有用成分得不到有效的利用，针对铝灰利用率较低，可以采用铝灰水洗预处理—铝资源湿法浸出—废渣利用工艺实现资源化与无害化利用。

通过水洗预处理，实现铝灰中可溶性物质（氮化铝、氟、氯等）的浸出，一方面，氮化铝水解产物 $Al(OH)_3$ 可提高湿法浸出过程中铝的提取率，因为 AlN 的活化能较高，难以被溶解；另一方面，溶液中的 F^- 在 Al^{3+} 存在的情况下，极易形成氟铝络合离子，Cl 会进入 $Al(OH)_3$ 晶格，导致产品质量变差，所以首先要对铝灰进行水洗预处理。

通过水洗后的铝灰中主要含铝物质为 Al_2O_3 和 $Al(OH)_3$，通过酸或碱可实现铝的浸出；通过对水洗铝灰碱性浸出渣分析可知，其主要成分为 $MgAl_2O_4$，可用于制作耐火材料。

以每吨铝灰中氧化铝含量为 60%~70%（质量分数）计算，每提炼 1 t 氧化铝需要 1.5~2 t 铝灰，其中水洗工艺按照液固质量比为 10∶1 的工艺进行水洗预处理，成本为 100 元，浸出工艺酸/碱成本约为 2500 元，每吨氧化铝产物价值为 3250 元（根据中国铝业公布的 2025 年 2 月氧化铝价格计算），浸出渣的产率通常为铝灰使用量的 40%~60%，浸出渣的主要成分为铝镁尖晶石，价值约为 1000 元，由此可以计算，生产 1 t 氧化铝的效益约为 1650 元。

参考文献

[1] 乔晨阳，陈喜平，虎兴茂．二次铝灰脱氮制备铝酸钙的实验研究［J］．轻金属，2024（5）：9-15，46.

[2] 林晓燕，王东兴，马致远，等．水解去除二次铝灰中的氮化铝及其机制研究［J］．湿法冶金，2024，43（3）：314-321.

[3] 潘一帆，张玉露，梁洪滔，等．水泥基材料资源化利用二次铝灰的可行性研究［J］．工业建筑，2023，53（s2）：689-693.

[4] 郭学益，李菲，田庆华，等．二次铝灰低温碱性熔炼研究［J］．中南大学学报（自然科学版），2012，43（3）：809-814.

[5] 石家力，黄自力，秦庆伟，等．二次铝灰制备聚合氯化铝试验研究［J］．金属矿山，2021（7）：206-210.

[6] 戴翔，焦少俊，郑洋，等．利用含氟盐熔剂产生的二次铝灰的危险特性分析［J］．无机盐工业，2018，50（11）：42-44.

[7] 宋明．二次铝灰回收氧化铝的工艺研究［D］．青岛：青岛科技大学，2018.

[8] 李菲，郭学益，田庆华．二次铝灰制备 α-Al_2O_3 工艺［J］．北京科技大学学报，2012，34（4）：383-389.

[9] XU W，WANG H，TIAN X N. The effect of secondary aluminum ash on the properties of reactive powder concrete［J］. Materials，2023，16（15）：5265.

[10] JIAO Z W，ZHOU W，et al. Preparation and properties of glass-ceramics based on secondary

aluminum dross [J]. Bulletin of the Chinese Ceramic Society, 2019, 38 (3): 817.
[11] 刘风琴, 邱定蕃, 顾松青, 等. 我国铝冶炼工业的竞争力分析及发展趋势 [J]. 工程科学学报, 2022, 44 (4): 561-572.
[12] 高芹. 二次铝灰湿法脱氮脱氟过程应用基础研究 [D]. 郑州: 郑州大学, 2021.
[13] 贺永东, 李颜凌, 马斌, 等. 湿法工艺对二次铝灰无害化脱氮的影响 [J]. 特种铸造及有色合金, 2021, 41 (6): 679-683.
[14] 唐铃虹. 铝灰渣中氮化铝在焙烧与水解过程中转化的研究 [D]. 沈阳: 东北大学, 2015.
[15] LI L L, SONG M, JIN Q. Recoverey of alumina from secondary aluminum dross by alkali leaching [J]. Inorganic Chemicals Industry, 2019, 51 (1): 53.
[16] 李勇, 彭莉, 王海斌, 等. 二次铝灰高温焙烧脱氮固氟试验研究 [J]. 矿产保护与利用, 2020, 40 (6): 133-140.
[17] WANG J H, ZHONG Y Q, TONG Y, et al. Removal of AlN from secondary aluminum dross by pyrometallurgical treatment [J]. Journal of Central South University, 2021, 28 (2): 386-397.
[18] 丁敏. 二次铝灰火法解毒与氧化铝清洁提取工艺研究 [D]. 郑州: 郑州大学, 2021.
[19] 侯丽君. 危废焚烧烟气处理技术研究 [J]. 浙江化工, 2020, 51 (5): 37-40.
[20] 张井丽. 危废焚烧与烟气净化系统问题及优化 [J]. 广州化工, 2017, 45 (17): 135-138.
[21] 梁东梅. 危险废物焚烧处置及烟气净化工艺技术特点分析 [J]. 节能与环保, 2020 (4): 38-41.
[22] 郑安桥. 危险废弃物焚烧处置预处理及烟气净化工艺设计 [J]. 环境工程, 2010, 28 (5): 58-62.

6 铝灰处置工艺安全管控

6.1 主要安全风险

生产过程中涉及的危险物料有铝灰，其有渗出性及遇水或在潮湿的空气中极易反应生成有毒、有害、易爆、恶臭气体，比如氨气、甲烷、氢气等风险；还有铝酸钠，其溶液有腐蚀皮肤风险，严重时造成眼损伤等。

在生产工艺过程中存在的危险、有害因素有火灾、爆炸、中毒窒息、灼烫(高温灼烫、化学灼伤)、机械伤害、触电、高处坠落、起重伤害、物体打击、坍塌、车辆伤害等，其中主要的危险、有害因素是火灾、爆炸、中毒窒息、灼烫(高温灼烫、化学灼伤) 和机械伤害。

生产装置单元内的天然气、氢、氨和煤气虽未构成危险化学品重大危险源，但近年来同类生产装置因天然气、氢、氨和煤气泄漏导致爆炸、人员中毒的事故多发，且后果严重，故天然气输送系统、一段溶出及生料浆制备、氨气吸收生产装置、混气站应作为关键装置进行管理，天然气须作为重点监管危险化学品进行管理，氢和氨应参照重点监管的危险化学品的管理要求进行管理。

针对以上主要危险、有害因素，需采取有针对性的安全对策措施加以防范和控制[1-3]。

6.2 安全管控技术要点与措施

为保证工厂设施及生产的安全，在厂区周边设置围墙，人流、货流均通过厂区出入口进出。出入口设有门卫值班室，配备值班人员，24 h 值班，负责厂区安全保卫工作。总平面布置时将生产区的主要车间与主导风向成较大的夹角，有利于车间的通风降温。行政管理区位于厂区的最小风频的下风侧，设置独立的人流出入口，有利于环境卫生及人员安全。

总平面布置的防火设计中，要根据《建筑设计防火规范》(GB 50016—2014) 进行设计，建筑物之间的距离符合规范规定的要求。

高温、高碱容器爆炸危险等级较高，列为重点防范对象。对这些高危点主要采取相应的防范措施：

（1）设备、管道的安全标志与安全色符合有关标准要求；

（2）根据物料的特性使用相应的灭火方法和灭火器材灭火，并安置在不同地方，以防混淆；

（3）对有搅拌装置的设备，设有防止他人启动设备的安全技术措施，以防检修人员在机内作业时他人误操作造成事故发生；

（4）管道、阀门缺陷造成喷料要紧急停车放料，更换故障阀门或管道，平时加强对管道厚度测量检测，定期更换阀门；

（5）以最大磨蚀点为检修、更换依据，考虑其不同阶段的磨蚀速率，根据过料管设计腐蚀裕度、壁厚裕度、安全系数，确定检修、更换计划，溶出罐及其他相关管道、阀门也应依据壁厚测算数据确定检修、更换计划，防止因腐蚀、磨损造成的泄漏；

（6）对大型转动设备的轴承轴瓦等设置测温，并与设备运行连锁，保证设备安全；

（7）对存有强碱的设备罐体的料位进行测量，把液位控制在安全值内，保证不冒槽，不泄漏；

（8）对大型设备均设置紧急停车，以保证设备运行异常时，能及时把设备停下，以保证设备安全或减少事故损失。

对工艺设备的主要运行参数，设置必要的仪表检测装置、自动调节系统，并设有可靠的联锁保护，能确保机组的安全经济运行[4-5]。为防止雷电的危害，依据国家标准《建筑物防雷设计规范》对建筑物设置防雷装置，采取如下防范措施：根据生产的重要程度和危险性及预计雷击次数，划定建筑物的防雷类别，设计防雷装置；户内电气配电室所采用 IP2X 防护等级，户外露天场所电气设备最低采用 IP54 防护等级，并满足防腐防爆要求，特别是要达到氢气防爆要求。

6.3　自动化与智能化安全管控

该生产工艺有其自身的特殊性，特别是有易燃易爆有毒有害气体，其酸碱腐蚀和结疤相当严重，对现场仪表有很高的性能要求，为确保现场仪表的正常投运，减少维护工作量。选用优良的仪表品牌，并兼顾生产实践中的经验，在仪表选型上尽量采用技术先进、性能可靠、有成熟使用经验的国内外大公司的产品。现场仪表选用智能仪表，传递信号 4~20 mA，仪表供电 220V AC 或 24V DC，温度仪表选用 Pt100 热电阻，就地压力检测选用不锈钢压力表，溶液流量用电磁流量计，常压槽罐的料位测量选用雷达料位计。

全面考虑自动化与智能化管控，实现安全本质化要求，逐步提升行业技术水平[6-7]。

参考文献

[1] 蔡海立. 浅析铝灰资源化利用处理处置工艺技术 [J]. 山西化工, 2022, 42 (9): 197-198.

[2] 陈振坤. 铝灰综合利用技术的探讨 [J]. 皮革制作与环保科技. 2021, 2 (21): 152-153, 156.

[3] 杨颜啸, 苏美兰, 陈武华. 铝灰的综合处理及资源化利用 [J]. 广东化工 2023, 50 (8): 75-77, 30.

[4] NOWAKOWSKA-GRUNT J, MAZUR M. Safety management in logistic processes of the metallurgical industry [C] //Metal 2015: 24th International Conference on Metallurgy and Materials. Tanger Ltd: Slezska, 2015: 2020-2025.

[5] 蔡彬, 邓金珠, 檀笑, 等. 再生铝工业铝灰渣特性及其贮存环境风险防控 [J]. 无机盐工业, 2021, 53 (12): 117-121.

[6] LI J, SUN E, LI Z, et al. Metallurgical operation safety training system based on 5G and VR [C] //2019 IEEE 3rd Inf. Technol. Netw. Electron. Autom. Control Conf. ITNEC 2019: 2204-2208.

[7] CONSONNO F, GIORDANO M, GRISOLIA P, et al. Case study: restoration of a blast furnace stoves safety automation [C] //Proceedings of the IEEE International Symposium on Industrial Electronics, IEEE: New York, 2014: 1105-1110.

7 铝灰处置工艺发展方向

铝灰的成分比较复杂，现有处理技术主要针对铝灰中金属铝的回收，而铝灰的毒性及其他有价成分是处理铝灰的重点，故需要寻求更有效的方法实现铝灰的无害化处理和资源化利用，提高铝灰的利用效率以减轻环境压力。

二次铝灰的回收利用发展方向为：二次铝灰经过规模化的稀碱浸、调酸、水洗除去单质铝、氮化铝、碳化铝和水溶性盐后，得到以氧化铝和氢氧化铝为主，含少量的硅、钙、镁、铁等杂质的富铝渣（Al_2O_3 大于 75%），成为优质原料大量用于拜耳法或烧结法生产氧化铝产品，以及棕钢玉、铝酸钙或其他铝化工产品的生产，洗水经蒸发浓缩、冷却结晶得到复合盐作为熔剂回用到熔炼、熔铸或一次铝灰提取单质铝工序，副产的氢气、甲烷用作蒸发浓缩所需的燃料，也可用作氢原料，副产的氨气用硫酸吸收生产硫酸铵，从而实现二次铝灰零排放，资源化循环利用，对保护环境、节约资源、增加就业、增加效益、实现我国铝行业高质量的发展具有重要意义。直接采用火法利用二次铝灰，其本身所含的水溶性盐会对产品质量产生严重危害，需要对烟气进行治理，且能耗高，资源得不到充分利用，生产效益一般。湿法处理过程中含有丰富的铝、氢、甲烷、氨和盐等资源，必须进行高效的分离回收利用[1-5]，防止排放污染环境。

然而，由于原料和生产工艺及路径不同，铝灰的成分存在一定的差异，回收和综合利用工艺需要具体问题具体分析。针对铝冶炼及加工行业具体成分，有关企业首先需摸清其对环境危害机理，采纳相应的无害化铝灰处理技术；然后对铝灰进行功能性评估，确定其可回收价值及综合利用的潜力，如金属铝、氧化铝、硫酸铝、脱硫剂等；最后，调研本地产品市场行情，明确金属铝回收流程及二次铝灰的综合利用方向，进而提出低投入、高效率、清洁化且适合自身情况的铝灰全流程处理方案。

未来铝灰的利用处置要在区域内统筹考虑建设规模化集中处理项目，以减少分散投资，还要充分考虑铝灰利用处置技术的适用性，尽可能选择处理效率高、能耗低、碳排放少的技术，提高能源和装备利用效率。

7.1 我国铝灰行业的标准化发展趋势

铝灰的综合开发利用是一件变废为宝、利国利民的好事，如何利用需要政府政策的引导，需要相关科研部门的支持，需要大型产生铝灰的铝企配合，这一切都需要政府职能部门的协调，只有“疏”才是解决问题的根源。铝灰回收通过熔炼生成再生铝是对铝资源的有效保护和利用，通过对铝灰中的预处理将铝灰加工成能够进行有效的后续冶金加工的过程。目前，我国铝渣预处理技术正朝着生产效率高、质量稳定、成本低、污染小的方向发展。

7.2 铝灰行业运行影响因素

7.2.1 影响铝灰行业运行的有利因素

（1）国内市场容量和消费增长潜力巨大。国民经济持续稳定发展是我国铝灰行业快速增长的有力保证。铝灰行业消费与工业经济的提高直接相关，国民经济的持续健康发展将带来工业制造业的显著提升，加之国家鼓励消费、拉动内需的经济政策，以及城市化进程加快等因素，均为铝灰行业的快速发展提供了良好的环境和巨大的市场空间。

与此同时，随着国民素质的提高和消费理念的转变，社会消费结构逐渐向发展型、享受型升级。消费者对商品和品牌附加价值的认知程度逐渐提高，消费心理和需求逐渐呈现出多样化和个性化的特点，从而为铝灰行业向细分领域发展和差异化定位提供了进一步空间。

（2）监管不断规范化。从国家监控力度看，我国政府对铝灰行业的监管力度随着行业的发展不断加强并走向规范化，对铝灰行业生产企业的准入门槛也不断提高。监管日趋严格所导致的成本增加使得部分生产条件差、无品牌优势的小型铝灰行业企业被逐渐淘汰，而具备品牌优势和质量管理优势的大中型铝灰行业企业则获得了提高市场份额和整合市场的机会。

（3）税收支持政策出台。消费税的调整为铝灰行业大众品牌的发展提供契机。早在2006年国家税务总局颁布了新的消费税调节政策，为本土大众铝灰行业品牌带来了良好的发展机遇。

7.2.2 影响铝灰行业运行的稳定因素

有效的技术开发战略决策能使企业在市场经济的竞争中立于不败之地。但是，铝灰行业企业真正能够制定有效的技术开发战略却有较大难度。众所周知，企业都有经营领域，铝灰行业企业和单个企业根本区别在于铝灰行业企业是由多个企业联合组成的，而作为铝灰行业企业经营领域却不是成员企业原有经营领域简单叠加，它是从铝灰行业企业整体利益出发，在基本保持核心企业主要经营领域同时，对各成员企业原有某些领域进行取舍，并增强那些能使铝灰行业企业健康发展的新的经济增长点。因此，铝灰行业企业技术开发战略决策重点就是对这些经济增长点进行研究，开辟一条新的成功之路。

目前，我国铝灰行业下游行业的高速、多元发展路径有效地促进了铝灰行业市场的发展，满足了新的消费需求，为铝灰行业的发展提供了渠道支撑。

7.2.3　影响铝灰行业运行的不利因素

（1）未能正确选择产品方向。产品是企业生存发展的基础，是企业和外部环境联系的中介，更是铝灰行业企业各成员凝聚在一起的重要纽带。因此，在激烈的市场竞争环境中，不断推出能够占领市场的新产品就成为集团实施技术开发战略的重要内容。由于铝灰行业企业规模大，拥有企业多，产品多样化是铝灰行业企业的一大特点，这就给铝灰行业企业新产品开发方向选择增加了难度。铝灰行业企业新产品开发方向选择，既不意味着铝灰行业企业生产经营产品应该是无所不包，也不意味着铝灰行业企业产品结构中各种产品应该是平分秋色。铝灰行业企业新产品开发方向确定，将意味着铝灰行业企业经营战略就在某些特定领域中展开。铝灰行业企业新产品开发方向选择必须经过多方面科学论证，特别是当前国内外同一经营领域里存在多个实力相当铝灰行业企业，新产品开发方向选择，将成为每个铝灰行业企业技术开发战略决策难点。

（2）未能有效确定目标市场。铝灰行业企业作为一个主要从事生产经营活动的经济组织，必须有一定经营领域作为目标市场，这个目标市场必须随着铝灰行业企业发展而壮大。铝灰行业企业一般是通过市场调研来选择目标市场，根据目标市场来投入企业资源，来确定铝灰行业企业新产品开发方向，乃至推出新产品，占领新的目标市场，这是铝灰行业企业确定目标市场的基本方法。正由于铝灰行业企业实力雄厚且拥有多种系列产品，铝灰行业企业产品生产区域分布广泛，从而就增加了铝灰行业企业确定目标市场的难度。目标市场是铝灰行业企业进入市场竞争的主通道，确定得正确就能使铝灰行业企业兴旺发达，确定得不正确，不但使铝灰行业企业近期正常生产经营形势不能稳定，而且使铝灰行业企业未来发展受到影响，更会使形成的新生产力得不到充分发展，甚至成为沉重的包袱压垮铝灰行业企业。因此，正确地确定目标市场也将成为铝灰行业企业技术开发战略决策的又一难题。

随着中国市场近年来的快速增长，国际领先的铝灰行业机构纷纷加强对中国市场的开拓。国外铝灰行业厂商依托数十年的技术研发积累，在品牌、资本、技术和人才等方面与国内厂商相比具有明显优势。进口产品对国内厂商的业务拓展带来一定的竞争压力。

7.3　我国铝灰行业发展面临的挑战与机遇

7.3.1　面临的挑战

我国铝灰行业发展面临的挑战主要是产品市场价格差距较大，恶性价格竞争情况较为普遍，这对我国铝灰行业的良性发展带来了不利的影响。

首先，铝灰产量巨大，但处置能力严重不足。我国作为全球最大的铝生产国和消费国，铝灰年产量超过200万吨，然而资源化利用率和效益相对低，还可能对环境造成污染。

其次，铝灰成分复杂，含有氮化铝、氟化物、氯化物等有毒有害物质，处理难度大。这些成分遇水会释放氨气等有害气体，对环境和人体健康造成严重危害。现有处理技术存在效率低、能耗高、二次污染等问题，难以满足环保要求。

再次，铝灰被列为危险废物，企业面临高额环保税和严格监管。非法转移和倾倒事件频发，暴露出处置能力短板。同时，行业内存在无序竞争、环境污染等不规范现象，亟须加强规范化发展。

最后，尽管铝灰行业市场潜力巨大，但技术创新和产业升级仍需加快。企业需要加大研发投入，掌握核心技术，提高自主创新能力。同时，产业链协同、环保治理和应用领域拓展也是铝灰行业可持续发展的关键。

综上，我国铝灰行业在资源化利用、环保处理、技术创新和规范化发展等方面面临诸多挑战，亟须政策支持、技术突破和行业自律，以实现可持续发展。

7.3.2 面临的机遇

未来几年，预计国内铝灰行业原料市场供应充足，价格较平稳，铝灰行业的成本费用随产能的增长而平稳增长。由于铝灰行业下游应用行业需求量大、发展迅速，对铝灰行业产品需求量越来越大。

“十四五”期间我国将引导和扶持如铝灰行业等高新技术产业的发展，并着力弥补过去产业存在的一些“短板”。由此可见，随着我国铝灰行业应用规模的不断扩大，其产品逐渐受到国家政府部门的重视，其行业相关政策体制、法律法规将逐渐出台并完善。

“一带一路”倡议的提出将为我国铝灰行业投资创造新机会，通过投资、合作等方式把国内铝灰行业的产业链、价值链逐步延伸到“一带一路”沿线国家，从而形成覆盖“一带一路”沿线国家的铝灰行业供应链，逐步促进沿线国家铝灰行业产业升级和结构优化。

总体上说，铝灰行业产品市场需求旺盛，铝灰行业的投资与发展经济效益良好，铝灰行业发展与投资前景广阔。可见未来几年，我国铝灰行业发展与投资将面临着新的机遇期，铝灰行业的投资与发展经济效益良好。

7.4 铝灰行业投资前景研究

7.4.1 铝灰行业投资前景

我国铝灰行业投资前景广阔，但也面临诸多挑战。随着环保政策趋严和技术进步，铝灰的资源化利用和无害化处理成为行业发展的关键方向。

铝灰中含有金属铝、氧化铝等有价成分，其潜在价值可观。以我国年排出量200万吨计算，铝灰的潜在价值约150亿元。目前，我国铝灰处理技术尚在完善中，资源化利用市场空间巨大，资源化利用潜力巨大。国家和地方政府出台多项政策支持铝灰处理行业的发展，包括财政补贴、税收优惠等政策支持力度大。随着铝行业的发展，铝灰产量持续增加，对处理技术和设备的需求也在不断上升，市场需求增长。

铝灰处理涉及复杂的化学工艺和环保要求，技术门槛较高。企业需要投入大量资金用于技术研发和设备升级，风险与挑战并存。尽管市场潜力大，但行业内竞争也较为激烈，企业需要具备核心竞争力才能脱颖而出，体现出较大市场竞争。铝灰行业受环保政策影响较大，政策变化可能对企业的生产经营产生影响。总体来看，铝灰行业在未来几年内仍将保持较高的增长潜力，投资者需综合考虑技术、政策和市场因素，制定合理的投资策略。

7.4.2　铝灰行业政策风险预测

国家与企业之间由于政策的存在和调整，在经济利益上会产生矛盾，从而产生政策风险。政策风险防范主要取决于市场参与者对国家宏观政策的理解和把握，取决于投资者对市场趋势的正确判断。由于政策风险防范的主要对象是政府管理当局，因而有其特殊性。

（1）反向性政策风险的防范。对于反向性政策风险的防范主要是理顺国家政策。对于地方政府来说，在制定政策时应尽量与中央政府保持协调一致，以减少反向性风险。中央政府在制定政策时，应根据市场经济体制的要求，制定其配套的改革政策。

（2）突变性政策风险的防范。对于突变性政策风险的防范主要取决于国家监管部门，其防范措施为：加强平时的日常监管，在市场运行过程中进行日常监管，可以防微杜渐，防患于未然；出现异常情况时及时做出判断，对违章事件及时查处，以保持良好的市场环境；提高市场监管水平，根据市场的运行和变化，运用市场控制手段，把握市场供求结构和行业平衡，完善资本市场，减少突变性风险。

参 考 文 献

［1］任玉宝，刘昌明，王帅，等．二次铝灰无害化处置技术研究［J］．有色金属加工，2021，50（2）：67-70.

［2］任学昌，冯浩，杨镇瑜，等．$NaOH$-Na_2CO_3 焙烧二次铝灰提取 Al_2O_3 的研究［J］．化工进展，2024（12）：1-14.

［3］刘颖，张俊杰，沈汉林，等．二次铝灰资源化研究进展［J］．稀有金属，2024，48（2）：

277-287.

[4] YANG J, TIAN L, MENG L, et al. Thermal utilization techniques and strategies for secondary aluminum dross [J]. A Review. J. Environ. Manage, 2024, 351: 119939.

[5] 李泽坤，李风亭. 二次铝灰资源化利用研究进展 [J]. 净水技术，2023，42 (8): 38-47.